新迷影丛书 · 主编 李洋

新迷影丛书 · 李洋 主编

Mauro Carbone

Philosophy-Screens

From Cinema to the Digital Revolution

屏幕-哲学

从电影到数字革命

[法] 莫罗 · 卡波内 著 卫俊 译

中国国际广播出版社

哲学是一种反思，对它而言任何陌异的材料都是好材料，我们也想说，对它而言任何好材料都应该是陌异的。

——乔治·康吉莱姆（Georges Canguilhem）

总　序

丛书以“新迷影”为题，缘于“电影之爱”，迎向“电影之死”。

“迷影”（cinéphilie）即“电影之爱”。从电影诞生时起，就有人对电影产生了超乎寻常的狂热，他们迷影成痴，从观众变成影评人、电影保护者、电影策展人、理论家，甚至成为导演。他们积极的实践构成了西方电影文化史的主要内容：电影批评的诞生、电影杂志的出现、电影术语的厘清、电影资料馆的创立、电影节的兴起与电影学科的确立，都与“电影之爱”密切相关。从某种角度看，电影的历史就是“迷影”的历史。“迷影”建立了一系列发现、评价、言说、保护和修复电影的机制，推动电影从市集杂耍变成最具影响力的大众艺术。

电影史也是一部电影的死亡史。从电影诞生时起，就有人不断诅咒电影“败德”“渎神”，预言电影会夭折、衰落，甚至死亡。安德烈·戈德罗（André Gaudreault）曾说电影经历过八次“死亡”，而事实上，电影经历的“死亡”次数要远超过这个数字。1917 年，法国社会评论家爱德华·布兰（Edouard Poulain）出版了图书《反对电影》，公开诅咒电影沦为“教唆犯罪的学校”。1927 年有声电影出现后，卓别林在《反对白片宣言》（1931）中宣称声音技术会埋葬电影艺术。1933 年，先锋戏剧理论家安托南·阿尔托（Antonin Artaud）在《电影 83》杂志上发表文章，题目就叫《电影未老先衰》，他认为电影让“千万双眼睛陷入影像的白痴世界”。而德国包豪斯艺术家拉斯洛·莫霍利–纳吉（László Moholy-Nagy）在 1934 年的《视与听》杂志上也发表了文章，宣布电影工业因为把艺术隔绝在外而必定走向“崩溃”。到了 1959 年，居伊·德波（Guy Debord）在《情境主义国际》的创刊号上公开发表了《在电影中反对电影》，认为电影沦为“反动景观力量所使用的原始材料”和艺术的消极替代品……到了 21 世纪，“电影终结论”更是在技术革新浪潮中不绝于耳，英国导演彼得·格林纳威（Peter Greenaway）和美国导演昆汀·塔伦蒂诺（Quentin Tarantino）分别在 2007 年和 2014 年宣布“电影已死”。数字电影的诞生“杀死了”胶片，而胶片——“迷影人”虔诚膜拜的电影物质载体，则正在消亡。

电影史上，两个相隔一百年的事件在描绘“电影之爱”与“电影之死”的关系上最有代表性。1895 年 12

月 28 日，魔术师乔治·梅里爱（Georges Méliès）看完了卢米埃尔兄弟的电影放映，决心买下这个专利，但卢米埃尔兄弟的父亲安托万·卢米埃尔（Antoine Lumière）却对梅里爱说，电影的成本太高、风险很大，是“一个没有前途的技术”。这可看作“电影终结论”在历史中的第一次出场，而这一天却是电影的生日，预言电影会消亡的人恰恰是“电影之父”的父亲。这个悖论在一百年后重演，1995 年，美国批评家苏珊·桑塔格（Susan Sontag）应《法兰克福评论报》邀请撰写一篇庆祝电影诞生百年的文章，但在这篇庆祝文章中，桑塔格却认为电影正“不可救药地衰退”，因为“迷影精神”已经衰退，唯一能让电影起死回生的就是“新迷影”，“一种新型的对电影的爱”。所以，电影的历史不仅是民族国家电影工业的竞争与兴衰史，也不仅是导演、类型与风格的兴替史，更是“迷影文化”与“电影终结”互相映照的历史。“电影之爱”与“电影之死”构成了电影史的两面，它们看上去彼此分离、相互矛盾，实则相反相成、相互纠缠。

与亨利·朗格卢瓦（Henri Langlois）、安德烈·巴赞（André Bazin）那个“迷影”运动风起云涌的时代不同，今天的电影生存境遇已发生翻天覆地的变化。电影不再是大众艺术的“国王”，数字技术、移动互联网和虚拟现实等新技术缔造了多元的视听景观，电影院被风起云涌的新媒体卸下了神圣的光环，人们可以在大大小小各种屏幕上观看电影，并根据意志而任意地快进、倒退、中止或评论。在视频节目的聚合中，电影与非电影的边界日益模糊，屏幕的裂变、观影文化的变化、内容的混杂与文体的解放，电影的定义和地位承受着前所未有的挑战。因此，恪守特吕弗（François Truffaut）与苏珊·桑塔格倡导的“迷影精神”，可能无法让电影在下一次“死亡诅咒”中幸存下来，相反，保守主义“迷影”或许还会催生加速电影衰亡的文化基因。一方面，“迷影”倡导的“电影中心主义”建构了对电影及其至高无上的艺术身份的近乎专断的独裁式想象。这种精英主义的“圈子文化”缔造了“大电影意识”，或者“电影原教旨主义”，它推崇“电影院崇拜论”，强调清教徒般的观影礼仪，传播对胶片的化学成像美感的迷恋。另一方面，“迷影文化”在公共场域提高电影评论的专业门槛，在学术研究中形成封闭的领地意识，让电影创作和电影批评都拘囿在密不透风的“历史—行话”的系统中。因此，捍卫电影尊严及其神圣性的文化，开始阻碍电影通过主动的进化去抵抗更大、更快的衰退，“电影迷恋”与“电影终结”在今天比在历史上的任何时候都显现出强烈的张力。

电影的本质正在发生变化，“迷影”在流行娱乐中拯救了电影的艺术身份与荣耀，但这条历史弧线已越过了峰值而下坠。电影正面临痛苦的重生，它不再是彼岸的艺术，不再是一个对象或者平行的现实，它必须突破藩篱，成为包容所有语言的形式。浩瀚汹涌的视听世界从内到外冲刷我们的生活和认知，电影可以成为一切，或一切都将成为电影。正因如此，“新迷影丛书”力求用主动的寻找回应来自未来的诉求，向外钩沉被电影学所忽视的来自哲学、史学、社会学、艺术史、人类学等人文学科的思想资源，向内在电影史的深处开掘新的边缘文献。只有以激进的姿态迎接外部的思想和历史的声音，吸纳威胁电影本体、仪式和艺术的质素，主动拓宽边界，才能建构一种新的、开放的、可对话的“新迷影”，而不是用悲壮而傲慢的感伤主义在不可预知的未来鱼死网破，这就是本丛书的立意。我们庆幸在寻找“新迷影”的路上得到了学界前辈的支持，相识了许多志同道合的伙伴，会聚了一批充满激情的青年学者，向这些参与者致敬，也向热爱电影的读者致敬，并恳请同行专家们批评指正。

目　录

中文版序言

莫罗·卡波内

我在法国组织了一个研究“屏幕”问题的小组。2013年，我给这个小组起名为“Vivre par（mi）les écrans”[1]，翻译成中文就是“生活在屏幕之中”。parmi 在法语里面就是“在……之中”的意思，但这里 parmi 还带个括号，变成 par（mi）。其中，par 是“借助，依赖”的意思，我用这个文字游戏说明我们不仅生活在屏幕之中，而且借助或依赖着屏幕生活。那时我还不知道这个双关语用得那么成功，直到最近在中国的经历才让我发现这一点。2024 年，在阔别中国六年之后，我再次回到这里，给中国学生上了大约 5 周的课程。之所以这么久没来，主要是因为疫情。

六年前，也就是 2018 年，我问中国的朋友是不是大家都在大量使用屏幕，他们跟我说，中国人出门基本

1　2013 年我在法国里昂第三大学成立了这个国际研究小组，并开展了一系列学术活动。小组以及小组成员也出版了一系列学术出版物。由此，这个小组逐渐成为国际上研究屏幕经验以及数字时代生活经验变革的中坚力量之一。

不带钱包了，大家靠手机屏幕和二维码就能付钱。六年后，当我再次来到中国时，我还是惊讶于移动支付在中国已经普及到这种程度。在北京，当我用现金给一位商贩付钱时，他为了找我零钱，不得不弯腰到柜台底下翻找一个皱巴巴的袋子，里面还保留着一些零钱。还有一次，当我从自己的钱包里拿出硬币时，随行的一位中国博士生竟然发出了惊叹声，她解释说她已经好几年没见过硬币了。此情此景，我不由得反思，到底是我想得周到呢，还是我过分落后呢？我这本书于 2015 年在法国和意大利出版，但没有比上面更好的例子说明，“屏幕”在九年后的今天依然值得我们思考和讨论。

不仅如此，以前，我们最多也只是将智能手机视为记忆的延伸，而如今我们越来越多地感觉到手机已经参与到我们身份的构建中。这个特点刚刚在西方国家出现，但在如今的中国却十分凸显，甚至不可避免地改变了我们对于身份这个概念的理解。智能手机构建的身份虽然只是“数字化”的，但确实在个人和社会层面产生了重大影响，就像我们在社交网络上选择的头像会影响个人和社会生活一样。屏幕给我们与自己、他人和世界的关系带来持续不断的变革，提出了一个在哲学思考层面上我们必须面对的挑战。

实际上，一方面，我们非常需要用哲学来更好地理解数字革命如何改变我们的生活。另一方面，我们同样需要通过反思这场革命带来的改变，更好地理解我们应该如何在当下进行哲学研究。

本书试图回应以上两个方面所带来的思考。在当前我们与屏幕的关系中，我们能观察到数字时代社会生活最明显的改变。不过在探讨这些变化之前，我们首先回顾一下 20 世纪法国哲学界对于电影的思考。法国是电影诞生的地方，而电影给我们带来了一种新的屏幕经验。20 世纪的法国哲学界，从柏格森开始，到萨特、梅洛－庞蒂、利奥塔和德勒兹，一直在思考电影带来的变化。这些讨论将我们引向一个核心问题，而这个问题关系到四个紧密关联的方面，一是作为特定时期视觉模型的光学装置的变化，二是由此导致我们观看世界的方式的变化，三是看和被看的欲望本身的变化，四是这些变化给哲学带来的颠覆性挑战。

在阐明电影的发明所带来的各种变化后，我们会聚焦到当今时代的各种变革。显然，数字屏幕是我们这个时代主导的视觉装置，今天的屏幕逐渐变得多样化、可移动、可触摸、可互联、可交互，并以独特的方式提供沉浸式体验。而且，数字屏幕逐渐表现出它们相对于图像的独立性。我们懒惰的思维有时依然会将屏幕和图像混为一谈，全然不顾我们也在屏幕上阅读和写字。而且，如今我们不断在智能手机屏幕上混用文字和图标，因此，继续区分在屏幕上观看图像还是文字已然失去意义。这种混用也是一种重大的变化，我们绝对不能忽视它。

2024 年在上海和北京工作的五周时间里，我体验到了上述提到的各种变化。另外，我遇到了一些事情，让我能回过头来深化我的思考。

显然，疫情期间的防护需求推动了屏幕在中国人日常生活中的普及，因为屏幕可以帮助减少人与人之间直接或间接的身体接触。加拿大记者兼活动家娜奥米·克莱因（Naomi Klein）在 2020 年描述了一种“非接触式未来”[1]，并预测它将成为资本主义后疫情时代“屏幕新政”的推动力。如果从当今的中国出发，重新审视她的描述，会发现有很多发人深省的地方。我们不仅能看到数字化支付系统的普及以及实体货币使用率的大幅下跌，还能看到其他屏幕，比如无须接触就可与我们双手进行交互的屏幕（新一代的无接触式屏幕），以及用于面部识别以确定我们身份的屏幕等。

关于后面的这种屏幕，我要分享一段我在中国的经历。2024 年，一所大学的计算机系统录入了我的照片信息，但是有几天校门口的人脸识别系统并没有认出我，所以，尽管我给门卫看学校发给我的教师证以及我的护照，但他依然没有让我入校。门卫的反应让我陷入

1　参见 N. Klein，“How big tech plans to profit from the pandemic”，*The Guardian*，May 13，2020.

了思考：因为识别入校人员的责任被委派给屏幕（校门口的人脸识别系统），门卫就不愿意再做这件事，即使屏幕并没有完成这项工作。

我在本书里写到，有种主张以为，屏幕是享有特权的空间，屏幕上呈现的内容就是真实的。从上面我的这段经历来看，依然有很多人相信这种主张。否则，为什么人们要将屏幕作为生命政治控制（contrôles biopolitique）的主要工具呢？为什么要投入如此多的资本将屏幕变为商业或政治宣传的载体呢？

仔细看来，这些问题指向了媒介理论家列夫·马诺维奇（Lev Manovich）在 20 多年前提出的西方屏幕发展谱系中的两个主要分支[1]：一是监控式屏幕，根据他的观点，这一分支起源于 19 世纪末的航拍摄影，经由二战期间雷达实时显示屏的革新，最终发展成现代的监控式屏幕；二是大众娱乐式屏幕，其中最有代表性的是电影屏幕。需要注意的是，在第一个分支中，屏幕被视为一种特殊的真理空间，而在第二个分支中，屏幕则被视为一种虚构空间。即便是专注于这两个分支的研究（通常所说的监控研究和屏幕研究）似乎也延续了这种区分，而没有太多探讨这些分支属于同一个谱系的可能性。简言之，一方面屏幕具有这样看似对立的发展方向，另一

1　参见 L. Manovich，*Le Langage des nouveaux médias*（2001），trad. franç. de R. Crevier，Dijon，Les Presses du réel，2010，p. 204 ss.

方面在不同文化背景中的屏幕又具有共同的特征（本书中我会用“元屏幕”的概念去总结这些特征），这是如何成为可能的？提出这些问题对于思考我们想要建立的哲学至关重要，而我们的最终目标就是建立一种“屏幕－哲学”。

引言：栖居在屏幕中

李　洋

1956 年，安德烈·巴赞（André Bazin）发表了一篇关于“屏幕的终结”与“电影的未来”的文章（原文标题就是 Fin de l'écran, avenir du cinéma?）。在这篇文章中，巴赞对 20 世纪 50 年代以来法国出现的各种电影技术热潮进行了分析，尤其是当时的“全景电影”（Cinérama）。许多法国电影院草草上马安装“全景银幕”，但由于技术不成熟，导致画面模糊、比例失调等问题。他认为媒体渲染的“屏幕革命”有点言过其实，商业化的 3D 立体电影注定会失败。但巴赞肯定了变形宽银幕（Cinémascope）与超视综艺体（Vistavision）为电影提供了场面调度的潜能，认为这是真正无可争议的屏幕变革，尺幅更大的屏幕保证了电影创作的多样性与自由度。总体来说，巴赞对屏幕技术的演变持有负面的判断，他认定屏幕的变化无法构成一场真正彻底的艺术革命。应该说，安德烈·巴赞对屏幕的理解代表了一代知识分子的基本看法：屏幕只是受技术和资本束缚的、笨拙的显示装置，它可以制造效果，但无法改变电影的语言与创造性思维。

如今，屏幕（écran/screen）已无处不在。电影院、电视、电脑，监控室、交通指挥中心和医院的超声波检查室，手机、平板电脑和智能汽车的交互屏幕，甚至健身设备、旅游景区指示牌、飞机座椅靠背和高层电梯里的电子广告牌……生活的世界已充满屏幕，这些屏幕更小、更轻便。不知道如果巴赞今天还活着，会做出怎样的判断。在瓦尔特·本雅明写出《机械复制时代的艺术作品》那个年代，人们根本无法想象屏幕会渗透进工作、社交和休闲生活的角落和缝隙。随着电脑、网络和智能手机的普及，我们与现实的关系越来越多地依赖屏幕展开。当人们意识到屏幕的重要性远远不在于尺寸时，才发现屏幕已悄无声息地占据了难以逾越的权威。我们往往只记得通过屏幕去观看和阅读，屏幕往往只是空洞的、无内容的、被动的和静止的，而且多数情况下，我们对屏幕的看法是负面的：电子屏幕让我们对正在建立的数字文明有幻灭感，虚拟性让资本以更隐蔽的方式建立起统治，把人置于屏幕所提供无尽的消费诱惑中。

法国里昂大学哲学教授莫罗·卡波内在《屏幕－哲学：从电影到数字革命》（*Philosophie-écrans: Du cinéma à la révolution numérique*, 2016）和他与格拉齐亚诺·林古亚（Graziano Lingua）合著的《走向屏幕人类学》（*Toward an Anthropology of Screens*, 2023）中，把“屏幕”放在人类文明的中心位置上，发展出比英美学界流行的“屏幕研究”（screen studies）更完整、深刻的屏幕本体论。从 2013 年到 2014 年，莫罗·卡波内在里昂大学研究院的支持下，主持了主题为“栖居在屏幕中”（Vivre parmi les écrans）的国际研讨班，邀请来自不同专业的知名学者和研究生共同参与。2016 年，他与雅克波·博蒂尼（Jacopo Boldini）主编出版了这个研讨班的成果《通过屏幕看与思》（*Voir selon les écrans, penser selon les écrans*），让－雅克·乌南伯格（Jean-Jacques Wunenburger）、吕克·瓦切里（Luc Vancheri）等法国知名学者都贡献了他们关于屏幕的重要论文。“栖居在屏幕中”——这是莫罗·卡波内屏幕哲学的核心。他从今天可移动、可折叠、可触摸、可变形的电子屏幕世界，看到了人类最古老、最原初的欲望。对他来说，屏幕不再是我们通常理解的再现图像的平面或电子装置，不再是历史意义上所谓“现代”之物，而是根植于人类遥远的文明。今天俯拾皆是、触手可及的各种形态的电子屏幕，都是人类最古老的原始需求在现代社会借由数字技术而实现的“转世”。屏幕当然是工业社会的产物，但在历史上的各个时代，屏幕都有不同物质形态和技术

特性，这就是他尝试通过“archi-écran”（英语 arche-screen）这个概念打开的屏幕哲学。

2024 年春，卡波内应北京大学美学与美育研究中心的邀请，在北京大学做了系列讲座，我作为评议人之一参加了他的讲座。通过与他展开讨论，我认为可以把“archi-écran”翻译为“原屏幕”，即在时间或演化意义上具有原型特征的屏幕，而非“元屏幕”。卡波内的“原屏幕”是一个开放的概念，指代历史上承载图像的各种平面，其定义取决于技术发展、社会实践、文化规范的演变。今天，屏幕被确立为视觉体验的主要范式，因此获得了特殊的权威地位，屏幕不仅定义了“观看”的含义，更将其视觉模式转化为我们接触现实的方式，因此决定了主体与世界建立联系的形式，进而编码了我们的感知、行动与思维。从某种意义上看，卡波内的“屏幕”所处的位置相当于居伊·德波（Guy Debord）的“景观”（spectacle）或让·鲍德里亚（Jean Baudrillard）的“拟像”（simulacre）。让我们回想新冠疫情时期，互动界面的地位得到了确认，疫情反而揭示了人与屏幕的本质关系，曾经作为分散注意力、阻挡“面对面”真实社交的干扰物，却成为保证交流真实性的强有力的技术保障。居伊·德波所说被“景观”所隔离的“真实”，在屏幕时代发生了偏移，它发生在屏幕上，屏幕可以让人在日常生活中充分展开交流，而这种交流因可以有效阻隔病毒的传播而带来安全感。因此，屏幕的意义正沿着“原屏幕”特有的张力轨迹发展而来。

卡波内通过人类学把“屏幕”还原为基础性的、必不可少的、具有特定功能的工具或装置，他对屏幕进行了大胆的具有原创性的定义。何为“屏幕”？屏幕就是历史上那些同时具有**显示**（showing）与**遮蔽**（hidding）、**暴露**（exposing）与**保护**（protecting）之功能的物质平面。屏幕是拉斯科岩洞或柏拉图洞穴寓言中可以承载矿物质绘画和投影的被动的、粗糙的平面，也是夜晚在高架桥上行驶的汽车都可以看到的摩天大厦外墙的巨幅电子显示屏。屏幕同时具有展示与隐藏、显露与保护的双重功能，这是“原屏幕”的本质特征。

显示，只是屏幕最容易察觉的功能。当一个平面可以**显示**图像，必然有某种东西被**遮蔽**了。**显现与遮蔽同时发生**。屏幕的显现是以遮蔽为前提的。正如当电影开始时，显现的影像是以在黑暗中隐去的屏幕为条件的。显现与遮蔽，还表达了两种屏幕与图像的关系：显现是物质平面自我遮蔽以呈现图像，而遮蔽是人与世界遮挡了光线而在屏幕上留下的阴影。这让屏幕具有了跨历史性，从史前洞穴壁画到现代电子显示屏，屏幕是一种跨越了整个人类历史体验的装置和工具。在史前时代的洞穴壁画中，穴居人使用洞穴墙壁作为屏幕，通过壁画记录和展示狩猎、神话和生活。这些壁画利用了火光产生的阴影，将人与动物的形象投影到洞穴墙壁上，形成人类最早的原始的屏幕体验。这些岩画可以看作人类最早的屏幕实践，不仅记录了史前人类的生活，也成为他们文化传承的一部分。肖维岩洞（Chauvet Cave）中的岩壁不仅是展现史前人类信仰、狩猎的舞台，也遮蔽了岩洞空间自身天然形成的形态和特质，让洞穴成为古老的画布或原始的教堂。

与**显示 / 遮蔽**这个二元关系相比，很长时间以来，我们忽视了屏幕同时具有的**暴露 / 保护**的张力关系。早期屏幕的主要功能是“遮蔽与保护”，但进入现代，屏幕演变出“显示与暴露”的功能。屏幕显示可见之物，也通过遮蔽暗示了不可见之物，这从某种角度呼应了雅克·朗西埃（Jacques Rancière）的“感性体制”的理论：屏幕让一些事物可见，让另外一些事物不可见。屏幕发明了视觉体验的虚幻深度，建立了目光的权力秩序，正是可见与不可见、再现与表现的辩证，让屏幕具有了意识形态属性。因此屏幕不完全是静态和被动的，还具有开启和关闭的切换机制，根据感性政治开启或关闭。在不同的历史文化背景下，屏幕以不同方式发挥其使可见和使不可见的权力，构成朗西埃所说的不同的“可见性政体”。但当代西方社会对透明性的追求已进入新的阶段，在这个阶段中，屏幕被定义为“显示屏”（display），仅强调展示功能，却忽略了隐藏功能，追求屏幕的绝对透明性。

通过“原屏幕”概念，最原初的屏幕是人的身体，屏幕是人类身体的延伸和扩展。在史前时代，人类的身体本身就是一种屏幕，通过反射（显示）和影子（遮蔽）来与环境互动。人体具备屏幕的显示功能：文身、服饰和首饰，通过显现图像，作为屏幕的身体让信仰、权力和地位暴露出来。身体在洞穴中可以在墙壁上留下运动的投影（遮蔽），不仅构成了一个保护的空间，防止过度的光，还能防止过度的热。人体可以触摸，也可以被触摸，身体具有这种兼顾的模糊性，胡塞尔和梅洛－庞蒂都讨论过这种模糊性，这种特性体现在身体同时可**去看**和**可被看**之物的模糊性。卡波内认为，这恰是身体作为屏幕、体现出“显示和遮蔽”“暴露和保护”功能的原因。

从作为原屏幕的人体，逐渐发展出独立的屏幕对象；火与太阳这些热光源的使用，推动了早期屏幕的发展。其应用范围从家庭延伸至社会公共领域，功能也从保护属性拓展出视觉与光学属性。旧石器的洞穴壁画，就是最早的多媒体剧场。投影可以产生情感共鸣，建构了人类最早的屏幕体验，因此逐渐发展出以投影为中心的表演与娱乐。人类尝试通过屏幕进入“异世界”，这种欲望渗透在从史前洞穴到现代电影的各种形式的屏幕中。屏幕在艺术创作和娱乐活动中都发挥着作用，比如幻灯秀和早期电影，这些形式改变了人类对图像和符号的理解与使用。但是，从绘画的画布到阿尔伯蒂的窗户，从电影到数字屏幕，屏幕还塑造着人类的感知、思维方式与欲望。作为“隐藏的表面”和作为“展示的表面”，屏幕不仅是一种技术设备，更是一种社会的“文化装置”。用福柯的观点来说，包含着话语、制度、空间布局等异质元素的整个网络，操控人类的感知、欲望与思维模式。在古埃及和古希腊时期，戏剧表演使用幕布和隔板作为屏幕，以分隔演员与观众，创造出戏剧性效果。这些屏幕不仅提供了视觉隔离，还增强了戏剧的神秘感和仪式感，使观众能够沉浸在戏剧的叙事之中。在中世纪的教堂里，屏风（rood screen，又称祭坛屏）被用来分隔祭坛和教堂的主体部分。这些屏风通常用来装饰宗教图像和雕塑，既起到了物理上的隔离作用，也在视觉上引导信徒的注意力，增强了宗教仪式的神圣感。到了文艺复兴时期，艺术家使用透视技巧在画布上创造出深度和空间感，使观众能够从画面中感受到三维空间的效果。这种绘画技巧可视为一种“视觉屏幕”，改变了人们观看和理解世界的方式。随着技术的发展，19 世纪的幻灯秀和电影的出现标志着屏幕体验的重大转变。这些光学设备使用透明的屏幕来投影图像，为观众提供了一种全新的视觉体验。这些屏幕不仅改变了娱乐的形式，也对社会文化产生了深远的影响。到了 20

世纪，电视和计算机屏幕的出现进一步扩展了屏幕的用途和影响力。它们不仅用于娱乐和信息传播，还成为现代社会中不可或缺的沟通和工作工具。屏幕改变了人们的沟通方式，促进了全球化和信息时代的到来。但卡波内不是要撰写一部屏幕史，而是揭示屏幕的历史内在性。屏幕作为某种意义的“原界面”（arche-interface），介导了人类与自然界乃至超自然力量的关系。卡波内采用了非本质主义的系谱学方法，强调屏幕经验的跨历史性，批评了单纯的技术决定论和进化论观点。

作为媒介，屏幕连接了物质与图像、平面与显现，是承载、建构、叙述和传递图像的载体。但屏幕与图像的区别在于，屏幕具有实体性。屏幕首先是一个占据物理空间的实体，它的物质特性（材料、技术）对其功能有决定性的影响。由于占据着空间，屏幕自然定义了这个空间的功能与特性。正如舞台的高度、宽度和方向定义了剧场，电影银幕的大小与位置也定义了电影院的秩序。从这个角度看，中国古代的“屏幕”也非常丰富。“屏”主要指“遮挡物”“遮挡”，常与“障”并用；而“幕”则指垂挂的遮挡物，巫鸿在《重屏：中国绘画中的媒材与再现》中研究了中国古代的屏风所具有的“屏幕性”。“屏风”在中国传统空间中扮演着划分、连接与转换的角色，既能分隔空间，又能连接不同区域。屏风作为家具的物质实存性，作为材料的媒介特性与作为图像的观念性，三者不可偏废。因此帷幔、窗棂、屏风和宗教空间的壁画或造像，都可以理解为屏幕。因此，从屏风或帷幔的传统来看，中国古代的屏幕始终是一个实际存在的“中间物”，屏风既是展示古典艺术的载体和平面，也是建构社会礼仪、分隔空间秩序的重要组成部分。屏幕能够划分、连接和转换空间，创造出特定的空间体验和秩序。

屏幕是基本的文化界面，是我们体验世界、与世界互动的核心界面，是我们与现实之间的情感和认知关系的中介。屏幕决定了我们如何观察、思考与周遭世界的关系。同时，屏幕也是变革的力量，作为“知觉义肢”，增强了人类的感知能力，改变了我们与世界的审美关系，屏幕让我们看到宇宙最远的星球，或人体内最小的细菌，它改变了人体验空间和时间的方式，也改变了人的记忆、想象和欲望。卡波内呼吁一种“屏幕人类学”，分析人类与屏幕之间的多重关系。从窗到屏幕的转变，作为参照光学装置的历史演进：窗户模型建立了主体与客体的对立，电影屏幕则创造了神话般的“别处”体验，数字屏幕则改变了视觉体验，从传统剧场式单面性转向包裹式的体验，是移动的、可触的、交互的和沉浸的图像。在当代社会中，图像不仅是可供解读的文本，在图像体验中，情感与强度占据核心地位，尤其在以屏幕作为中介的图像组织中体现最为突出。

从我的研究来看，“扩展电影”（expanded cinema）的传统恰好接续了屏幕史中超出普通电影的部分。“扩展电影”指艺术家利用观影空间中观众的参与，将电影与环境、空间等相结合，把电影的放映过程视为创作过程的影像作品。在扩展电影中，屏幕不再是被动的观看对象，而是观众参与电影的重要纽带。“扩展电影”在20世纪60年代开始出现，当时的艺术家为了创造出更活跃的电影参与的形式，把电影放映、屏幕与环境、空间等要素相结合，在美术馆或博物馆以观影表演或装置的形式出现。这种电影不局限于我们所说的“实验电影”，还扩展到建筑、表演、空间、激进女权思想等领域，让这种电影具有了革命性。

卡波内回顾了屏幕的历史及其哲学意义，分析屏幕怎样成为人与世界互动的主要界面，以及屏幕如何影响我们的个体化过程和身份认同。他还讨论了屏幕在政治透明性和社会互动中的作用，如何成为一种新型“义肢”，扩展了人的感知能力。当然，屏幕也会带来潜在风险，尤其是对隐私的侵犯和对现实的扭曲。卡波内对屏幕的敏感来自哲学。萨特和德勒兹预见了电影将改变我们对运动与时间的理解，他们不同程度地与柏格森思想发生联系，发展了运动－影像和时间－影像。梅洛－庞蒂认为电影是一种“时间性形式”，通过蒙太奇创造了新的现实。电影通过屏幕揭示了我们与世界、他人的关系。屏幕通过互动与沉浸吸引人们，因此屏幕也是某种“准主体”，尽管不是活生生的人，但依然可以影响我们的认知和情感。卡波内格外引用了让－弗朗索瓦·利奥塔的观点。利奥塔就把电影视为以屏幕为中心的力比多装置，欲望让电影投射变成消费与增值的场域，屏幕作为展示与遮蔽的表面，激发欲望，让屏幕成为欲望装置。

屏幕作为“义肢”，扩展了人的感知力，也带来对隐私和现实的潜在威胁。在追求透明性和真实性的同时，我们必须警惕屏幕可能带来的“后真相”现象，以及它如何可能扭曲我们对现实的理解。那么，我们真的可以像卡波内所说的“栖居在屏幕中”吗？当我们提出这个问题时，屏幕便具有了至高无上的哲学意义。在《走向屏幕人类学》的结尾，卡波内提出了人与屏幕关系的大胆假设，他提出了“分体性”（dividual）概念，人在数字环境中的身份不再是固定的个体，而是可分割、多元化的存在。屏幕让我们能够展现这种分体性，既是自我分裂的场所，也是自我建构的工具。屏幕当然意味着监控资本主义和数据剥削的风险，但是屏幕也创造了新的社会性形式和身份表达的可能性。因此，重要的不是限制屏幕的数量，而是提高我们与屏幕共存的生活质量。在屏幕所预示的那个真实存在但不可见的数字世界里，我们既是分割的，也是联结的，这种“共分体性”（con-dividual）可能为未来提供更有解放性的组织形式。无论这种预言或假设最终能否实现，卡波内关于屏幕具有原创性的思考，都是值得我们去了解和反思的。

译 序

卫 俊

莫罗·卡波内是法国里昂第三大学哲学系美学专业杰出教授、法兰西大学研究院荣誉退休院士。他最初主要研究法国哲学家梅洛－庞蒂的美学理论（特别是关于塞尚和普鲁斯特的思考），后来逐渐关注电影和图像问题，而其近期的研究主要围绕着“屏幕”这一主题展开。从他的研究历程中我们可以看出，卡波内教授一方面具有深厚的哲学功底，从柏拉图到康德的传统哲学，从胡塞尔到梅洛－庞蒂和萨特的现象学脉络，以及后续利奥塔、德勒兹等法国哲学家，卡波内教授对他们的理论都是信手拈来；另一方面，他十分关注具体的感性体验，从音乐、文学、绘画、电影到如今的增强现实与虚拟现实，他都乐于体验和思考。而且，他既不会停留在感性体验而忘记系统的哲学表达，更不会因为哲学思考而轻视丰富的感性体验，这两个方面在他看来是互相促进和互相补充的。

秉持着这样独特的视角，卡波内教授在本书中对当下将我们包围的各类屏幕提供了一种既有深度又有新意的考察。我尝试在此简要总结一些要点，方便读者后续对本书进行更深入的阅读与思考。

首先，卡波内教授试图反驳传统哲学对于屏幕的贬低。传统哲学将屏幕视为一种对于真理的遮蔽，仿佛我们必须揭开或者撕碎屏幕才能看到真理。而通过对20世纪法国哲学的梳理，卡波内教授希望展示出一种“对于屏幕的本体论复兴”，强调屏幕乃是我们视觉的必要条件，换句话说，没有屏幕就没有视觉，没有屏幕也没有真理的显现。书中的“感性理念”“互为先行”等提法，都是在说明这个问题。

其次，卡波内教授试图分析屏幕在历史文化中的各种变体。他所说的屏幕并不特指某一种具体屏幕，而更多是一种屏幕功能，它同时具有隐藏和展示、保护与暴露的能力，卡波内教授称之为“元屏幕”的原则。元屏幕呈现为各种历史文化变体，包括绘画、电影、电视、数字屏幕等，而往前追随，我们可以追溯到洞穴壁画乃至人的身体本身。不同的元屏幕变体以不同的方式发挥隐藏和展示、保护与暴露的能力，从而以不同的方式影响和参与我们的感知、欲望、认知和思维过程。

同时，元屏幕不能被简化为其中任何一种或几种变体，它具有无限的潜力，卡波内教授用音乐中的主题与变奏来形容这种关系。由此，他既可以追溯人类早期的文化经验，又可以考察当下我们的屏幕体验，并且始终向着未来不断更新的屏幕经验开放，从而让这种考察具有历史与文化的厚度。

在这样的考察中，卡波内教授始终警惕来自传统哲学的傲慢态度，即把感性体验当成一种对象，然后用一种概念化的方法把握它。在他看来，反而是感性经验在重塑我们对于哲学本身的理解，向我们揭示传统哲学的局限性，这也就是卡波内教授在说“借助屏幕或在屏幕之中从事哲学”时所想强调的。卡波内教授希望向我们展示一种重视感性经验，关注感性经验的历史维度，既关注过去和当下，又同时朝向未来开放的新哲学，也就是他所说的“屏幕－哲学”。

由于对不同的感性经验抱有开放态度，卡波内教授对中国文化特别感兴趣。他特别希望了解中国人与屏幕相关的种种经历，无论是过去人们对于屏风的使用，还是如今手机屏幕在中国的普及，都让他印象深刻，在他所写的中文版序言中我们也能看到这一点。

卡波内教授一直和中国保持着紧密而友好的学术联系，他多次受邀在中国各所大学讲座或授课，包括北京大学、香港中文大学和上海大学等，和大家分享他关于屏幕的思考。在中国期间，除了学术交流，他也积极观察和了解中国人的生活，思考屏幕在这里发挥着怎样的作用。

2024年春天，当我陪同卡波内教授与其夫人参观天坛时，许多中国游客拿着手机来与他们合照。游客们格外友好和热情，竟然排起了队，让卡波内教授和夫人一时脱不了身。后来，他特别高兴地对我说，他在欧洲当了这么多年教授，从来没有这么受欢迎过。我不知道他是不是谦虚了，毕竟他的诸多著述都很受欢迎，特别是这本有关屏幕的书，已经有法语、英语、意大利语多个版本，同时部分章节也被翻译成葡萄牙语和日语，在国际上有很大的影响力，而且引用率和讨论度都很高。

不过，天坛上那么多中国游客拿着手机与教授合影，以及卡波内教授高兴的自嘲，或许预示着这本关于屏幕的书能够在中国找到更多的读者。作为译者，我也相信，中国悠久的历史和灿烂的文化，以及中国读者独特的智慧，会和卡波内教授的思考产生奇妙的碰撞，绽放出更多美妙的火花。

最后，我要感谢北京大学艺术学院李洋教授的推荐和信任。翻译一事，尽管尽力，但难免有疏漏或错误之处，请各位读者与专家多多批评指正，本人万分感谢！

前言：今日之屏

无须提及柏拉图的“洞穴寓言”，我们就知道哲学向来不喜欢屏幕，不管是哪种屏幕都不喜欢。人们甚至可以说，传统里的哲学正是在与屏幕的斗争中确证自我的身份，哲学把屏幕当成幻觉、欺骗以及人类沉思真理的障碍。实际上，正是在这样的基调下，哲学与电影之间的关系开始在法国被讨论。1907 年，大概是在电影摄影诞生的 12 年之后，亨利·柏格森（Henri Bergson）在《创造进化论》（*L'évolution créatrice*）中断言电影只不过是纯粹的运动幻觉。

不过我们只需看得稍微仔细一点，就能发现事情并不是那么简单。实际上，屏幕的形象是模棱两可的，甚至是字面意义上的模棱两可，也就是说，屏幕呈现了两种可能的含义。在“洞穴寓言”中，柏拉图不只描绘了一种屏幕，而是两种屏幕：一种是展示，一种是隐藏。二者在整体效果上互相趋近，最终呈现出同一形象相互弥补的两种可能性。在下文中，我将会把这一形象称为“元屏幕”（archi-écran）。

这一形象的含混性也反过来让我们意识到，哲学与屏幕之间的关系也总是模棱两可的。一方面，哲学一直批判屏幕未能展现出那些它期望我们熟知的内容，就像我前面提到的那样；另一方面，哲学最终不可避免地会寻求某种屏幕的帮助，正是依赖屏幕，哲学至少让我们看到它想让我们熟知内容的图像。事实上，柏格森对于电影的谴责可以很好地说明这种模糊关系的第一个方面，而柏格森在《物质与记忆》（*Matière et mémoire*）中提出的“黑屏”（écran noir）隐喻，以及我将在本书第一部分提到的20世纪法国哲学界对电影及其屏幕的重新评价，更多地指向另一个方面。后者说明哲学（为什么）不断感受到对屏幕的某种需求，尽管这种需求通常是隐含的，并且经常是不被承认的。此外，哲学离不开屏幕的原因，和视觉本身离不开屏幕的原因没有太大区别。屏幕是视觉的构成性要素，因为视觉就是对背景之上某个形象的感知，而背景正是屏幕。

但是，当我们考虑到屏幕有一段悠久而丰富的文化历史时，会发生什么呢？这段历史很好地沉淀在以屏幕命名的各种术语中，沉淀在那些逐渐明确屏幕功能的相关描述中，也沉淀在那些影响我们理解屏幕的各类隐喻形象之中。另外，如果我们考虑到这些屏幕一直在变化，正如本书第二部分标题“屏幕的动态生命”所说的那样，这种变动会进一步影响我们的生活时，会发生什么呢？如果考虑到我们在屏幕体验方面已然走了一段深刻的变革之路。而且这些变革必然会影响并进而改变我们的感知、欲望、认知和思维方式，又会发生什么呢？这些都是如今哲学思考无法回避的问题。不仅因为这些问题要求被哲学审视，而且因为这些问题反过来也在审视哲学。我们在开始时说到，哲学声称自己就是“与屏幕的斗争”，如果这些变革使得这一声称不再可能，会发生什么呢？关于电影这种新事物，吉尔·德勒兹（Gilles Deleuze）提出一个类似的问题，这个问题促使他形成一种他曾称作“电影－哲学”（philosophie-cinéma）的思考。这本书选择“屏幕－哲学”为主题，旨在呼应这一引人注目却未被充分探索的表述，我们的目标是重申这个问题的重要性，并努力在屏幕时代将这个问题进一步明确和细化，使之焕发新生。

致 谢

这本书延续了《图像的肉身》(*La chair des images*，2011）和《一同死亡》(*Être morts ensemble*，2013）中的研究核心。由于被任命为法兰西大学研究院高级院士，我获得了进一步深化这些研究的机会。事实上，这一任命为我提供了继续研究的基础，使我得以建立和巩固学术网络，这些都为本书的筹备起到决定性的作用。因此，我首先要感谢法兰西大学研究院，以及支持这一任命的同事：雷诺·巴巴拉斯（Renaud Barbaras）和维维安·索布查克（Vivian Sobchack）。

此外，我要衷心感谢艾曼努埃尔·埃洛阿（Emmanuel Alloa）、艾蒂安·比姆贝内（Etienne Bimbenet）、乔凡娜·博拉多里（Giovanna Borradori）、弗朗切斯科·卡塞蒂（Francesco Casetti）、皮娜·德·卢卡（Pina De Luca）、让－皮埃尔·埃斯克纳齐（Jean-Pierre Esquenazi）、加伦·约翰逊（Galen Johnson）、皮埃特罗·蒙塔尼（Pietro

Montani)、伊莎贝尔·帕蒂安特(Isabelle Patiente)、安德烈亚·皮诺蒂(Andrea Pinotti)、皮埃尔·罗德里戈(Pierre Rodrigo)、埃马纽埃尔·德·圣·奥贝尔(Emmanuel de Saint Aubert)、安东尼奥·索马伊尼(Antonio Somaini)、贝尔纳·斯蒂格勒(Bernard Stiegler)和吕克·万切里(Luc Vancheri),感谢他们在公开和私人场合与我进行持续而友好的对话交流。

同时,我也非常感谢艾莉莎·宾达(Elisa Binda)、阿瑟·库尔斯(Arthur Cools)、罗伯托·德·盖塔诺(Roberto De Gaetano)、埃利·杜林(Elie During)、埃里克森·法拉布雷蒂(Ericson Falabretti)、阿里尔德·费尔韦特(Arild Ferveit)、乔尔迪·伊巴内斯(Jordi Ibanez)、让-巴蒂斯特·若奈(Jean-Baptiste Joinet)、何塞·曼努埃尔·马丁斯(José Manuel Martins)、马科斯·若泽·穆勒(Marcos José Müller)、尤利娅·波多罗加(Ioulia Podoroga)、奥尔娜·拉维夫(Orna Raviv)、彼得·雷纳尔特(Peter Reynaert)、洛朗·范·艾恩德(Laurent Van Eynde)和蒂齐亚娜·维拉尼(Tiziana Villani),感谢他们为我提供了宝贵的讨论机会,使我能够与来自不同国家和学科的学生和专家交流,检验我在准备这本书时所进行的思考。

此外,达德利·安德鲁(Dudley Andrew)、汤姆·冈宁(Tom Gunning)、近藤正树(Masaki Kondo)

和埃丽卡·奈久伊斯（Erica Nijhuis）以专业的知识和洞察力为我提供了非常重要的建议、肯定和批评，我对此深表感谢。

我也要特别感谢与我一起成长的年轻研究人员。在这些年里，我们在里昂共同开展和实现了许多个人和集体项目，无论是从人文还是从学术的角度来说，氛围都是非常积极的：雅科波·博迪尼（Jacopo Bodini）、弗朗切斯科·卡德奥（Francesco Caddeo）、斯坦尼斯拉斯·德·库尔维勒（Stanislas de Courville）、安娜·卡特里娜·达尔马索（Anna Caterina Dalmasso）、露西亚·洛·马尔科（Lucia Lo Marco）和玛尔塔·奈久伊斯（Marta Nijhuis）。我特别有幸与其中数位一起进行研究，每天探讨从理论到文章架构的各个方面。本书得益于他们的智慧、热情、文化修养和敏锐度。此外，我要特别感谢斯坦尼斯拉斯·德·库尔维勒，他愿意多次审阅这本书，确保法语的使用准确无误。

本书部分章节的最初版本曾在一些杂志或集刊中发表，我借此机会感谢那些编辑和出版社。

在完成一本书的时刻，不可避免地会进行一次总结，这也是向我的大学和这里的同事表达感谢的时刻：我要感谢里昂第三大学哲学系的同事们，他们热情地接纳我与他们共事；我也要感谢里昂第三大学对我的研究项目的支持，一项专门研究本书相关议题的提案还获得了学校的特别支持。

最后，这本书献给某位长久以来认定自己必须彻底放弃对电影的热情、并以此转向哲学研究的人。幸运的是，他错了。

第一部分　什么是“电影－哲学”？

我还没有愚蠢到想要创造一种关于电影的哲学。

——吉尔·德勒兹

第一章 萨特与德勒兹论柏格森

萨特预言德勒兹：电影，“柏格森式艺术”

在 1974 年发表的《意大利语版〈意义的逻辑〉笔记》中，德勒兹这样描述他和菲利克斯·加塔利（Félix Guattari）：“我们两个人希望成为哲学领域的蛋头先生（Humpty Dumpty）或者劳来与哈代（Laurel et Hardy）。一种电影－哲学。”[1] 这句话似乎与六年前他在《差异与重复》（*Différence et répétition*）一书前言结尾部分所写的内容相呼应：“如今，像曾经那样写一本哲学书渐渐变得不可能了：‘啊，陈旧的风格……’尼采开启了寻找新的哲学表达方式的探索，而今天我们必须在某些其他艺术形式（例如戏剧或电影）不断更新的背景下继续这一探索。”[2]

总之，德勒兹在电影中看到了哲学向他提出的问题，这些问题不仅涉及我们与自己、他人、事物和世界的关系，而且也牵涉哲学自身：关于哲学自身的表达风

1 G. Deleuze，«Note pour l’édition italienne de *Logique du sens*»（1974），dans *Deux régimes de fous. Textes et entretiens 1975-1995*，éd. et trad. fr. D. Lapoujade，Paris，Minuit，2003，p. 60.（这里的蛋头先生源自英语童谣的一个拟人化蛋形角色，劳来与哈代是两位长期搭档出演美国喜剧电影的演员。——译者注）

2 G. Deleuze，*Différence et répétition*，Paris，P. U. F.，1968，p. 4.

格，以及因此关于哲学自身思想的风格。“电影－哲学”的问题并不是某一个思想家的问题，如果像《差异与重复》前言部分所暗示的那样，涉及整整一个时代，那么它就是思想本身的问题。

因为“电影－哲学”的问题牵涉整个时代，所以我们在这个时代的哲学思考中看到它偶尔浮现出来也就不足为奇了。如果我们仔细观察，就能发现让－保罗·萨特（Jean-Paul Sartre）也在一些文字中讨论了电影，那是他二十几岁时的胆大之作，在他去世后才发表。这些内容似乎可以追溯到1924年他在高等师范学校文科预科班（khâgne）的最后一个学期或是1924—1925年他在高等师范学校（École Normale Supérieure）的第一年，不管怎样，这些内容完成于他遇见现象学的十多年之前，文章标题是《为电影辩护：对于一种国际性艺术的辩解和说明》[1]。

在这篇文章中，萨特从埃米尔－奥古斯特·沙尔捷（Emile-Auguste Chartier）的观点出发进行讨论，埃米尔－奥古斯特·沙尔捷是当时最具影响力的“思想导师”之一，以“阿兰”（Alain）之名为人所熟知。在其1923年出版的《美学随笔》（*Propos sur l'esthétique*）中，其中一篇文章的标题《静止》（*L'immobile*）颇具意味。

1　J.-P. Sartre，«Apologie pour le cinéma. Défense et illustration d'un Art international»，dans *Écrits de jeunesse*，éd. M. Contat，M. Rybalka，Paris，Gallimard，1990，pp. 388-404.

阿兰在文章开篇写道："艺术通过静止表达人类的力量。只要其中能体现出思想，静止就是心灵力量的最佳体现。"[1] 在结尾处，他又写道："在艺术对静止的追求中，屏幕艺术提供了一个反例，它并不追求静止，因为追求永恒的运动才是它的创作法则。它追求运动，并不仅仅是因为它无声，虽然我们知道天生的哑巴绝不会静默，但屏幕艺术追求运动更多是因为演员觉得有必要不停地运动，仿佛是在向机械装置致敬。"[2]

简言之，如果所有艺术都是"在运动中追求静止"[3]，而又如阿兰所说的，追求永恒的运动才是电影的创作法则，那么"屏幕艺术"就不是真正的艺术。这大致就是阿兰所提出的三段论推理。

年轻的萨特指出，他在阿兰的发问中看到"一个比温克尔曼（Winckelmann）无意义的讨论更加重要的问题：美是由静止构成的，还是由变化构成的？"[4] 事实上，在萨特看来，阿兰说思想体现在静止之中，这个说法揭示了最关键的问题。萨特因此重申了这个问题，同时进行了重要的引申：阿兰说思想在本质上寓于

1 Alain，*Propos sur l'esthétique*（1923），Paris，P. U. F.，1948，p. 13.

2 Alain，*Propos sur l'esthétique*（1923），Paris，P. U. F.，1948，p. 15.（这里的意思是说无声电影中演员的动作可能会更加夸张，但阿兰认为演员动作多不仅仅是因为电影无声，更因为他们自己觉得有必要不停运动。——译者注）

3 Alain，*Propos sur l'esthétique*（1923），Paris，P. U. F.，1948，p. 14.

4 J.-P. Sartre，«Apologie pour le cinéma»，dans *Écrits de jeunesse*，éd. M. Contat，M. Rybalka，Paris，Gallimard，1990，p. 388.

静止之中，这实际上表达了人类心灵对于静止的迷恋（attaché），这种迷恋不仅仅体现在美学领域。[1] 萨特解释说："理解不变的东西更加容易，特别是爱上一个不变的东西也更加容易。正是在这点上人们努力让自己视而不见：你什么变化都没有，你还是原来那个样子。"[2]

在这段关于现实生活的评价中，我们不难听出柏格森主义式的潜台词。随后，我们将会确认这一点。

萨特似乎暗示说，柏拉图主义实质上就是努力让自己对变化视而不见，也正是这种柏拉图主义的思想将存在视为不变者（demeurer）。然而，萨特指出"一种新哲学已经取代了关于不变理念（Idées immuables）的哲学"[3]，不过还需要一段时间，这种哲学才能得到命名。"如今，只有处在变化之中的现实，美学难道不会从中得到启发吗？"[4] 这就是萨特在思考中引入电影问题的切入点，因为正如他随后解释的那样，电影"开启了审美领域的运动性（mobilité）"[5]。

简单概括这一辩论：对萨特来说，电影开启了审美

1 J.-P. Sartre, «Apologie pour le cinéma», dans *Écrits de jeunesse*, éd. M. Contat, M. Rybalka, Paris, Gallimard, 1990, p. 388.

2 J.-P. Sartre, «Apologie pour le cinéma», dans *Écrits de jeunesse*, éd. M. Contat, M. Rybalka, Paris, Gallimard, 1990, p. 388.

3 J.-P. Sartre, «Apologie pour le cinéma», dans *Écrits de jeunesse*, éd. M. Contat, M. Rybalka, Paris, Gallimard, 1990, p. 388.

4 J.-P. Sartre, «Apologie pour le cinéma», dans *Écrits de jeunesse*, éd. M. Contat, M. Rybalka, Paris, Gallimard, 1990, p. 388.

5 J.-P. Sartre, «Apologie pour le cinéma», dans *Écrits de jeunesse*, éd. M. Contat, M. Rybalka, Paris, Gallimard, 1990, p. 389.

领域的运动性，揭示了所谓在静止中发现思想之本质的观点只不过是对看起来最“容易”的事物的迷恋。所以哲学自此之后不可避免地被电影质疑，而后者“颠覆”了柏拉图主义，并给我们带来了新的思考方式。也可以这样说，新的思考内容不可避免地要求哲学以“电影－哲学”（用德勒兹的话来说）的方式进行思考。

但只是这样还不够，针对阿兰对于无声电影的轻蔑评价，萨特反驳说：“我们更加亲近那些不说话的演员。他们还在唱歌，他们的歌声（我听到小提琴手的声音）比他们想对我们说的话更能传递他们的想法……歌声不仅能让我们明白玛丽·毕克馥（Mary Pickford）在想什么，更能让我们像她一样思考。”[1]

基于这一点，他引用了“柏格森写的一些段落”[2]，这些段落反复以旋律为例，指出旋律作为一种由多个元素组成的运动无法被分解为单个元素。正是借助柏格森这位伟大哲学家写的这些段落，萨特这位年轻的学生提议“让人们通过电影的配乐，认识到电影和我们的意识

1 J.-P. Sartre，«Apologie pour le cinéma»，dans *Écrits de jeunesse*，éd. M. Contat，M. Rybalka，Paris，Gallimard，1990，p. 389.（玛丽·毕克馥是无声电影时代的明星。——译者注）

2 J.-P. Sartre，«Apologie pour le cinéma»，dans *Écrits de jeunesse*，éd. M. Contat，M. Rybalka，Paris，Gallimard，1990，p. 389. 萨特引用的柏格森的三段话分别摘自：*Essai sur les données immédiates de la conscience*（1889）；1911年在牛津发表的第二次演讲，标题是 «La perception du changement»，收录于 *La pensée et le mouvant*（1934）；*L'énergie spirituelle*（1919）.

一样"[1]，如同一段旋律，是"不可分割之流"（un courant indivisible）[2]。此外，萨特还在前面说到，因为电影"开启了审美领域的运动性"，所以"电影是一种柏格森式的艺术"[3]，展示了他正在谈论的"新哲学"的特征，因此，萨特惊人地预言了德勒兹在 1983 年《电影 1：运动 – 影像》（*Cinéma 1, L'image-mouvement*）一书中的观点。

事实上，德勒兹在这本书第一章里的观点与萨特的判断一致。德勒兹还提醒我们，如果有人不同意这个观点，那么那个人便是柏格森。柏格森在 1907 年的《创造进化论》（*L'évolution créatrice*）中将电影视为"虚假运动的典型案例"[4]，而这一年距离电影诞生不过 12 年左右。因为在柏格森看来，电影试图通过"静止画面加抽象时间"[5]的集合体来重现运动。

这个问题源于一个关于电影的众所周知的事实，即一部电影的每一秒都包含若干个接续的画面——默片时代是 16 个到 18 个，后来是 24 个——这些画面之间夹杂着同样多的黑色瞬间，但观众们却察觉不到它们。事

1 J.-P. Sartre, «Apologie pour le cinéma», dans *Écrits de jeunesse*, éd. M. Contat, M. Rybalka, Paris, Gallimard, 1990, p. 390.

2 J.-P. Sartre, «Apologie pour le cinéma», dans *Écrits de jeunesse*, éd. M. Contat, M. Rybalka, Paris, Gallimard, 1990, p. 390.

3 J.-P. Sartre, «Apologie pour le cinéma», dans *Écrits de jeunesse*, éd. M. Contat, M. Rybalka, Paris, Gallimard, 1990, p. 390.

4 G. Deleuze, *Cinéma 1. L'image-mouvement*, Paris, Minuit, 1983, p. 10.

5 G. Deleuze, *Cinéma 1. L'image-mouvement*, Paris, Minuit, 1983, p. 10.

实上，这些画面本身是静止的，但它们之间的时间间隔如此之短，以至人们获得了一种连续的印象。

萨特在《为电影辩护》中的讨论似乎指向这个问题，他写道："你可以将它（指电影）理解为一卷众多静止的画面，但这样就不再是电影了，就像水库里的水并不是流水，联想主义（associationnisme）切割出来的意识片段也不是意识一样。"[1]

萨特坚信，可以用柏格森对旋律的论述来描述电影——旋律和电影都是不可分割的连续体，这种不可分割性就是它们的标志性节奏（rythme）[2]。年轻的萨特断言："电影的本质就在于运动性和绵延（durée）。"[3]

大概 60 年后，德勒兹走上了和萨特类似的道路，他也是通过引用柏格森的观点批评他在《创造进化论》中对于电影的评判："电影并不是给我们提供一个图像，并在此基础上添加运动，而是直接给我们提供一个运动 – 影像。"[4] 德勒兹进一步指出，正是柏格森自己在 1896 年《物质与记忆》（*Matière et mémoire*）的第一章中发现了运动 – 影像，它超越了"作为外部世界物理

1 J.-P. Sartre, «Apologie pour le cinéma», dans *Écrits de jeunesse*, éd. M. Contat, M. Rybalka, Paris, Gallimard, 1990, p. 390.

2 参见 J.-P. Sartre, «Apologie pour le cinéma», dans *Écrits de jeunesse*, éd. M. Contat, M. Rybalka, Paris, Gallimard, 1990, p. 396.

3 J.-P. Sartre, «Apologie pour le cinéma», dans *Écrits de jeunesse*, éd. M. Contat, M. Rybalka, Paris, Gallimard, 1990, p. 390.

4 G. Deleuze, *Cinéma 1. L'image-mouvement*, Paris, Minuit, 1983, p. 11.

现实的运动”和“作为意识中心理现实的影像”之间的对立[1]。

萨特离开柏格森主义和电影理论

然而，年轻的萨特与德勒兹的道路在此之后分开了。事实上，他们将走向相反的方向。从 1933 年起，萨特发现了胡塞尔（Husserl）的现象学，这比柏格森的思想更能满足他“走向具体”[2] 的愿望，其中当然也包括图像的具体性[3]。相反，德勒兹将柏格森主义和胡塞尔主义描述为两种对于同一历史需求的对立回应，这一需求即“克服影像与运动、意识与物之间的二元对立”[4]。众所周知，他站在柏格森的立场上反对胡塞尔的观点。

因此，萨特年轻时候写的“柏格森主义”式的文章，被编辑视为“前现象学”[5] 式的作品，而德勒兹则将

---

1 G. Deleuze, *Cinéma 1. L'image-mouvement*, Paris, Minuit, 1983, p. 7.

2 我在此引用让·瓦尔（Jean Wahl）这本著作的标题 *Vers le concret. Études d'histoire de la philosophie contemporaine*（*William James, Whitehead, Gabriel Marcel*), Paris, Vrin, 1932，这本书被广泛用于描述所谓“三 H 一代”（黑格尔、胡塞尔、海德格尔）的共同哲学态度，即包括萨特和梅洛－庞蒂在内的那一代人的态度。关于这个问题，参见 V. Descombes, *Le même et l'autre. Quarante-cinq ans de philosophie française (1933-1978)*, Paris, Minuit, 1979.

3 萨特在《想象》（*L'imagination*）一书中写道：“他（指柏格森）一刻也没有注视过他的图像。”参见 J.-P. Sartre, *L'imagination*（1936）, Paris, P. U. F., 1962, p. 63.

4 G. Deleuze, *Cinéma 1. L'image-mouvement*, Paris, Minuit, 1983, p. 83.

5 M. Contat et M. Rybalka, «Notice» pour J.-P. Sartre, «Apologie pour le cinéma», dans *Écrits de jeunesse*, éd. M. Contat, M. Rybalka, Paris, Gallimard, 1990, p. 385.

萨特在接触现象学后的立场视为“反柏格森主义”[1]的。当然，德勒兹当时并不了解萨特年轻时写的这篇文章。不过，萨特在讨论胡塞尔的“意向性”（intentionnalité）概念时提到了《物质与记忆》的第一章，这说明他潜意识地认为柏格森和胡塞尔有共同的目标和部分相似的方法[2]，就像德勒兹在《电影1：运动－影像》中所做的那样。因此，德勒兹给萨特贴上这个有争议的标签似乎过于武断。事实上，对柏格森关于影像的概念持批判态度并不一定就是“反柏格森主义”。

此外，在给出“反柏格森主义”这个评价前不久，德勒兹已经指出，现象学家萨特“在《想象》一书中对各种影像进行盘点和分析时，并未提及电影影像”[3]。为什么对于电影萨特会有这样的沉默？显然，任何对这个问题的回答都只能是推测。然而，我们必须承认，通过沉默，萨特至少避免将一切都归结于哲学，特别是此刻哲学已经成为他的核心关注点。我认为，这一点尤其值得强调。因为我们已经看到年轻的萨特在《为电影辩护》中，以及德勒兹在《差异与重复》中都建议将电影

1　G. Deleuze，*Cinéma 1. L'image-mouvement*，Paris，Minuit，1983，p. 90，note 17.

2　在描述胡塞尔现象学对“事物”的态度后，萨特提醒道：“你们会认为这里是柏格森和《物质与记忆》第一章里的内容。但胡塞尔并非实在论者。”见 J.-P. Sartre，«Une idée fondamentale de la phénoménologie de Husserl：l'intentionnalité»（1939），dans *Situations I*，Paris，Gallimard，1947，republié dans *La Transcendance de l'ego et autres textes phénoménologiques*，textes introduits et annotés par V. de Coorebyter，Paris，Vrin，2003，pp. 87-88.

3　G. Deleuze，*Cinéma 1. L'image-mouvement*，Paris，Minuit，1983，p. 84.

视为一个时代之新颖性的征兆：这种新颖性，开始于审美领域，最终牵涉到存在论乃至整个哲学。

这两位哲学家都表达了这样的意图：他们研究电影不是为了给它套上预先构建好的哲学思想框架，而是为了在其中发现一种运作着的思想，而哲学本身也尚未能思考这种思想。然而，我们也观察到，年轻的萨特和写了两部关于电影的著作[1]的德勒兹，都承认电影具有“柏格森式艺术”的特征。简言之，我们看到他们在解释电影时，都将哲学传统的不足之处与他们所参考的哲学的新颖之处加以对比，试图将这种新哲学变成一种“电影－哲学”[2]。可这是不是有点太简单了？毕竟，如果萨特在发现现象学后避免或犹豫是否再次采取同样的态度，他的沉默似乎让我们有理由认为“电影－哲学”仍有很大的发展空间。

因为，如果阿兰的观点以及萨特年轻时的理解是正

---

1 G. Deleuze，*Cinéma 1. L'image-mouvement*，Paris，Minuit，1983，et *Cinéma 2. L'image-temps*，Paris，Minuit，1985.

2 这种倾向在 *Cinéma 1* 第 17 页的以下段落中表现得特别明显，我们需要完整地引用这一段：“然而，对柏格森来说，似乎有另一条道路可以开启。因为，如果古代关于运动的观念确实符合古代哲学试图思考永恒的打算，那么现代观念和现代科学则呼唤另一种哲学……这是一种对哲学的完全转变，而这正是柏格森最终要做的，即为现代科学提供与之相对应但仍然缺少的形而上学，正如物体的一半需要另一半的补足。但我们能在这条路上停下来吗？我们是否可以否认艺术也需要进行这种转变？而且电影在这方面难道不是一个重要因素吗？它甚至在这种新思想、新思维方式的诞生和形成中扮演重要角色。柏格森不再满足于确认他关于运动的第一个论述。尽管他的第二个论述未能完成，但这一论述为电影提供一种全新的视角，即电影不再是实现最古老幻觉的精密装置，而是新现实的待完善的器官。”

确的，即正是电影将运动性引入艺术领域；如果电影像德勒兹所认为的那样，“直接给我们提供一个运动－影像”，从而打破了物理与心理、外在与内在、空间与时间、事物与观看之间的对立，那么，“电影－哲学”就不仅仅是为了思考电影诞生所预兆的我们与自己、他人、事物和世界的新关系。如果“电影－哲学”还必须重新思考自身的思维方式和表达方式，那么就必须基于这种转变后的新关系。换句话说，这种“电影－哲学”在思考电影时不是像之前那样，“将一种反思形式运用到一个预先给定的对象上”[1]，而是要根据电影来思考电影的存在（l’Être）以及这种哲学自身。

1 P. Marrati，*Gilles Deleuze. Cinéma et philosophie*，Paris，P. U. F.，2003，p. 125.

第二章　哲学家与导演：梅洛－庞蒂与有关电影的思考*

使人们看见而非解释：梅洛–庞蒂笔下电影与哲学的历史共识

帕斯卡尔·福特里耶（Pascale Fautrier）提到，萨特年轻时期所写的“柏格森主义”式的文章与将其引向现象学的需求之间存在逻辑连续性：“萨特青年时期关于电影的文章中，存在前现象学（柏格森主义）式对意识的思考，同时他也将作为不可分解的运动图像综合体的电影与作为连续活动（而非心理事实的集合）的意识进行类比，这些思考本应在 1933 年对胡塞尔的发现中得到确认。”

她进一步写道：“然而，恰恰是梅洛－庞蒂在 1945 年［当时他参与创办了由萨特主编的《现代》（*Les Temps Modernes*）杂志］提出了现象学哲学的发展与电影发明之间的同步性。”[1]

帕斯卡尔·福特里耶这里谈到的是梅洛－庞蒂于

* 本章节内容是对我在中国出版的《图像的肉身》一书中同标题章节的扩展，参见 M. Carbone，*La chair des images: Merleau-Ponty entre peinture et cinéma*，Paris，Vrin，2011，p. 85 *sq.*

1 P. Fautrier，«Le cinéma de Sartre»，dans «Ce que le cinéma fait à la littérature（et réciproquement）»，*Fabula LHT (Littérature, histoire, théorie)*，n° 2，1 er décembre 2006，§ 3；http://www.fabula.org/lht/2/Fautrier.html.

1945 年 3 月 13 日在巴黎的高等电影研究学院（IDHEC）发表的题为《电影与新心理学》（*Le cinéma et la nouvelle psychologie*）的演讲，“当时该机构由马塞尔·莱赫比耶（Marcel L’Herbier）担任主席，皮埃尔·杰林（Pierre Gérin）担任主任”[1]。邀请梅洛－庞蒂去讲座的可能是安德烈·巴赞（André Bazin）[2]，后者随后创办了《电影手册》（*Cahiers du cinéma*）杂志，并成为法国新浪潮电影运动的精神之父。1947 年，梅洛－庞蒂在《现代》[3] 杂志上发表一篇文章，内容是高等电影研究学院的这次讲座。但其实早在 1945 年 10 月，他就同意在每周出版的电影杂志《法国银幕》（*L’écran français*）中“总结”——这是编辑部使用的词——这次讲座的内容。在简短的文章《电影与心理学》（*Cinéma et psychologie*）[4] 中，梅洛－庞蒂

---

1 F. Albera，«Maurice Merleau-Ponty et le cinéma»，*1895 Revue d’histoire du cinéma*，n. 70，été 2013，p. 121. Albera 强调“马塞尔·莱赫比耶希望将高等电影研究学院办成一所‘电影学院’，而不是一个职业学校”，见第 122 页。

2 这是达德利·安德鲁（Dudley Andrew）的观点，他认为“在解放后，巴赞被认为最适合担任高等电影研究学院文化服务部的主任……巴赞在这里开展讲座，组织电影引进，邀请演讲者”。参见 D. Andrew，*André Bazin*，Oxford，Oxford University Press，1978，trad. fr. S. Grünberg，préface de F. Truffaut，Annexe de J. C. Tacchella，Paris，Éditions de l’ Étoile，1983，p. 91. 不过这个观点没有在前述 F. Albera 的文章《梅洛－庞蒂和电影》（*Maurice Merleau-Ponty et le cinéma*）中得到确认。

3 M. Merleau-Ponty，«Le cinéma et la nouvelle psychologie»（1947），dans *Sens et non-sens*，Paris，Gallimard，1996，pp. 61-75.

4 文章最初发表于 *L’écran français*，n. 17，24 octobre 1945，pp. 3-4，再次刊登于 M. Carbone，A. C. Dalmasso，E. Franzini（éd.），*Merleau-Ponty e l’estetica oggi / Merleau-Ponty et l’esthétique aujourd’hui*，«Cahiers de Chiasmi international»，Milan-Paris，Mimesis，2013，pp. 21-24.

阐明并综合了分散在同一时期各个著作中的一些观点。他写道："有一些伟大的经典作品，它们像电影、现代心理学和美国小说一样，从外部描绘人类。"[1]

换句话说，梅洛－庞蒂认为，这些文化领域都在以各自的方式"通过人的可见行为来表现人"。同样的观点也出现在结论部分，不过这里他还提到了时代氛围这一因素："如果电影、心理学和文学都同意从外部表现人，这就不是一时兴起，而是人类生存处境的要求，古典艺术本身也没有忽视这一点。"[2]

同一时期，在《知觉现象学》（*Phénoménologie de la perception*）的前言部分，梅洛－庞蒂更加直接地提到时代因素，这一段文字也更加有名："如果说现象学在成为一种学说或体系之前是一种运动，这既不是偶然也不是欺骗。它凭借同样的关注和惊奇，同样的意识和要求，同样地把握世界或历史在萌芽状态下的意义和意愿，和巴尔扎克、普鲁斯特、瓦莱里或塞尚的工作一样勤勉。在这方面，它与现代思想的努力是一致的。"[3]

这段文字在形式上与前面引用的句子相似，但在内

1 M. Carbone, A. C. Dalmasso, E. Franzini (éd.), *Merleau-Ponty e l'estetica oggi / Merleau-Ponty et l'esthétique aujourd'hui*, «Cahiers de Chiasmi international», Milan-Paris, Mimesis, 2013, p. 23.

2 M. Carbone, A. C. Dalmasso, E. Franzini (éd.), *Merleau-Ponty e l'estetica oggi / Merleau-Ponty et l'esthétique aujourd'hui*, «Cahiers de Chiasmi international», Milan-Paris, Mimesis, 2013, p. 24.

3 M. Merleau-Ponty, *Phénoménologie de la perception*, Paris, Gallimard, 1945, p. XVI.

容上没提到电影和心理学。它谈到了现象学和塞尚的绘画，还有文学（这里特指法国文学）。将这些段落联系到一起，我们就得到了梅洛－庞蒂《意义与无意义》（*Sens et non-sens*）一书“作品”（Ouvrages）部分所涉及的所有文化领域，这本书于1948年出版，收录了梅洛－庞蒂在前几年发表的多篇论文。这些论文包括《塞尚的怀疑》和《电影与新心理学》。《电影与新心理学》的最后部分还谈到了现象学，以及更广义的当代哲学（philosophie contemporaine）[1]。另外还有两篇文章讨论萨特以及西蒙娜·德·波伏娃的小说，文章标题是《一位丑闻作家》和《小说与形而上学》。《小说与形而上学》指出，文学领域和前面提到的其他文化领域一样，都需要“使人们看见”。梅洛－庞蒂写道：“自19世纪末以来”[2]，“哲学表达和文学表达承担了同样的含混性，因为世界只能通过‘故事’加以说明和展示”[3]。

因此，《法国银幕》中的这篇文章《电影与心理学》帮助我们确认，在战后初期，梅洛－庞蒂对艺术和文学的反思并不是零零散散的，而是基于一些非常明确的指导思想，因而是有机的整体。在这些指导思想中，我们至少可以看出：第一，在我们这个时代，小说、绘画和电影之间存在着共识；第二，这种共识也扩展到了格式

---

1 M. Merleau-Ponty，*Sens et non-sens*，Paris，Gallimard，1996，p. 75.

2 M. Merleau-Ponty，*Sens et non-sens*，Paris，Gallimard，1996，p. 35.

3 M. Merleau-Ponty，*Sens et non-sens*，Paris，Gallimard，1996，pp. 36-37.

塔心理学以及当代哲学，特别是现象学领域；第三，这种共识尤其体现在对于可见（visible）事物的关注，并围绕着我们与世界以及他人之间关系的主题展开。

现在，让我们停下来看看题为《电影与新心理学》的这篇文章，其开篇恰恰在讨论我们与世界的关系这一主题。梅洛－庞蒂在文中强调，“传统”心理学倾向于认为，在感性认识中发挥首要作用的是感觉（sensations），即由许多局部刺激产生的特定效果，而理解力和记忆力的任务就是随后将这些效果整合成一个统一的画面。相反，“新心理学”表明我们应该把知觉（perception）视为最重要的，所谓知觉就是对现象整体的感性把握。

在此基础上，“新心理学”还突出了知觉的通感（Synesthésie）特性，正因为如此，我们不应该将知觉视为“视觉、触觉、听觉信息的总和”，因为它“同时诉诸于我的所有感官”[1]。更宽泛地说，梅洛－庞蒂认为格式塔理论（Gestalttheorie）“通过彻底拒绝感觉的概念，……教导我们不再区分符号及其意义，感觉到的东西以及判断出的东西”[2]。

关于另一个主题，即我们与他人的关系问题，正如我们在其 1945 年 10 月发表的《电影与心理学》中已经

1 M. Merleau-Ponty，*Sens et non-sens*，Paris，Gallimard，1996，p. 63.
2 M. Merleau-Ponty，*Sens et non-sens*，Paris，Gallimard，1996，p. 64.

看到的那样，梅洛－庞蒂同样认为“新心理学”带来了有关对他人知觉的“全新概念”，根据这一全新概念，我们应当摒弃“内在观察（内省）与外在观察之间的区分”[1]，即应当摒弃“那种认为爱、恨或愤怒是‘内在现实’的偏见，这种偏见认为这些内在现实只能被经历这些情感的人体会到”[2]。在梅洛－庞蒂看来，“新心理学”表明“愤怒、羞耻、恨、爱并不是隐藏在他人意识最深处的心理事实，而是从外部可以观察到的行为类型或行为风格”[3]。

梅洛－庞蒂还指出，“电影美学家所做的一些最精彩的评论”[4]与这些心理学的新发现存在一致之处。为了说明这一点，梅洛－庞蒂提出将“电影视为一个知觉的对象”[5]，即正如恩佐·帕西（Enzo Paci）在意大利语版《意义与无意义》的“导言”中所解释的那样——将“电影视为一种格式塔意义上的运动中的形式”[6]，简言之，将其视作一个“不可分割之流”（此处我们借用萨特年轻时所使用的表达）。

在这个问题上，梅洛－庞蒂解释说：“电影并不

1 M. Merleau-Ponty，*Sens et non-sens*，Paris，Gallimard，1996，p. 66.

2 M. Merleau-Ponty，*Sens et non-sens*，Paris，Gallimard，1996，p. 67.

3 M. Merleau-Ponty，*Sens et non-sens*，Paris，Gallimard，1996，p. 67.

4 M. Merleau-Ponty，*Sens et non-sens*，Paris，Gallimard，1996，p. 68.

5 M. Merleau-Ponty，*Sens et non-sens*，Paris，Gallimard，1996，p. 68.

6 E. Paci，*Introduzione* à M. Merleau-Ponty，*Senso e non senso*，trad. italienne P. Caruso，Milano，Garzanti，1974，p. 13.

是图像的总和，而是一种时间性的形式。”[1] 这种形式本质上以其节奏为特征，为我们提供了“一种新的现实，这种现实并不是把使用到的元素简单相加”[2]。为了说明这个定义，梅洛－庞蒂描述了一段著名如今却已经遗失的电影。当时人们认为这是弗谢沃罗德·普多夫金（Vsevolod Poudovkine）的作品，但实际上它的创作者是普多夫金的老师列夫·库里肖夫（Lev Koulechov），后者与吉加·维尔托夫共同开创了苏联电影。梅洛－庞蒂试图用这个电影片段说明蒙太奇的创造力，而在库里肖夫看来，蒙太奇就是电影的主要表达手段。

梅洛－庞蒂写道：“普多夫金有一次拍摄了一个莫斯尤金（Mosjoukine）面无表情的特写镜头，在放映这个镜头前又依次放映了一盘汤、一位躺在棺材里已经死去的年轻女子以及一个与毛绒玩具熊玩耍的孩子。人们一开始感觉到莫斯尤金似乎在看着盘子、女子和孩子，渐渐地，人们发现他看着盘子时似乎在沉思，看着女子时似乎很痛苦，而看着孩子时则带着灿烂的笑容。观众惊叹于他表情的多样性，但实际上只是同一个镜头被使用了三次，而且镜头里的莫斯尤金原本面无表情。所以，电影里一个画面的意义取决于在它之前的镜头，它们的先后顺序创造了一种新的现实，这种现实并不是把

1 M. Merleau-Ponty, *Sens et non-sens*, Paris, Gallimard, 1996, p. 69.
2 M. Merleau-Ponty, *Sens et non-sens*, Paris, Gallimard, 1996, p. 69.

用到的元素简单相加。”[1]

皮埃尔·罗德里戈（Pierre Rodrigo）在评论梅洛-庞蒂文本的精彩文章中[2]，指出上述段落是其“文章论述的核心部分”[3]，同时他遗憾地表示，对于“电影艺术的特殊方面——蒙太奇”[4]的引用让这一论证有了“一个明显的缺陷：他对图像本身的表意能力只字未提”[5]。罗德里戈认为，梅洛-庞蒂的论证依赖于将图像视为“蒙太奇中意义的原子（atome de sens），就像在传统语言学中词语是意义的原子一样”[6]。他进一步强调，这样一种论证将苏联无声电影的教义绝对化，过分强调蒙太奇的作用，也就是说过分强调电影的意义诞生于多个图像之间（parmi les images），就像句子的意义诞生于词语之

1 M. Merleau-Ponty，*Sens et non-sens*，Paris，Gallimard，1996，p. 69. 关于这段影片的创作者的讨论，参见 F. Albera，«Maurice Merleau-Ponty et le cinéma»，art. cit.，p. 144，note 65.

2 参见 P. Rodrigo，«Merleau-Ponty. Du cinéma à la peinture：le “vouloir-dire” et l'expression élémentaire»（2005），désormais dans *L'intentionnalité créatrice. Problèmes de phénoménologie et d'esthétique*，Paris，Vrin，2009，pp. 235-255.

3 P. Rodrigo，«Merleau-Ponty. Du cinéma à la peinture：le “vouloir-dire” et l'expression élémentaire»（2005），désormais dans *L'intentionnalité créatrice. Problèmes de phénoménologie et d'esthétique*，Paris，Vrin，2009，p. 250.

4 P. Rodrigo，«Merleau-Ponty. Du cinéma à la peinture：le “vouloir-dire” et l'expression élémentaire»（2005），désormais dans *L'intentionnalité créatrice. Problèmes de phénoménologie et d'esthétique*，Paris，Vrin，2009，p. 250.

5 P. Rodrigo，«Merleau-Ponty. Du cinéma à la peinture：le “vouloir-dire” et l'expression élémentaire»（2005），désormais dans *L'intentionnalité créatrice. Problèmes de phénoménologie et d'esthétique*，Paris，Vrin，2009，p. 252.

6 P. Rodrigo，«Merleau-Ponty. Du cinéma à la peinture：le “vouloir-dire” et l'expression élémentaire»（2005），désormais dans *L'intentionnalité créatrice. Problèmes de phénoménologie et d'esthétique*，Paris，Vrin，2009，p. 253.

间（parmi les mots）一样。罗德里戈反对这种看法，他指出，考虑到电影图像在有声电影中极具表现力的复杂性，它"更像是一个句子，而不是一个词语"[1]。

毫无疑问，我们完全赞同罗德里戈最后的结论。不过，梅洛－庞蒂在 IDHEC 讲座中提出的观点似乎也有其充分的理由。

暂且不论苏联无声电影赋予蒙太奇的特权是否比安德烈·巴赞对长镜头的痴迷（罗德里戈对此有共鸣）[2] 更具有意义有待讨论，这里首先需要指出的是，对蒙太奇的强调特别符合梅洛－庞蒂在这场讲座中试图论证的目标，即讲座后半部分的开头处所说的："我们可以把刚刚对于一般知觉所做的说明运用到对于电影的知觉上。"[3] 借此，梅洛－庞蒂的讨论从"新心理学"转到了电影上。诚然，讲座的后半部分并不仅仅是将上半部分所阐述的心理学原则"运用到对于电影的知觉上"，因为在与电影的对话中，后者"反过来改造了迄今所说的一切"[4]。但不可否认的是，电影蒙太奇很好地例证了梅

1 P. Rodrigo，«Merleau-Ponty. Du cinéma à la peinture：le "vouloir-dire" et l'expression élémentaire»（2005），désormais dans *L'intentionnalité créatrice. Problèmes de phénoménologie et d'esthétique*，Paris，Vrin，2009，p. 253.

2 参见 P. Rodrigo，«Merleau-Ponty. Du cinéma à la peinture：le "vouloir-dire" et l'expression élémentaire»（2005），désormais dans *L'intentionnalité créatrice. Problèmes de phénoménologie et d'esthétique*，Paris，Vrin，2009，p. 253.

3 M. Merleau-Ponty，*Sens et non-sens*，Paris，Gallimard，1996，p. 68.

4 这是 J.-P. 沙科塞所强调的，参见 J.-P. Charcosset，*Merleau-Ponty. Approches phénoménologiques*，Paris，Hachette，1981，p. 23.

洛－庞蒂在其演讲开篇处所说的格式塔心理学的新颖之处："在我们的知觉中，最先出现的并不是并列的元素，而是整体。"[1]

另外，在说完这个特征后，梅洛－庞蒂不仅举了视觉方面的例子，也举了听觉方面的例子，特别是关于旋律的讨论。我们知道，旋律这个例子对于柏格森以及格式塔理论[2]都有重要的意义。梅洛－庞蒂指出："旋律不是一堆音符的总和：每个音符只有在整体中发挥其功能时才有意义。这种对整体的感知比对单个元素的感知更加自然、原始。"[3]

梅洛－庞蒂在谈到库里肖夫效应时再次提到旋律的例子，他用这个例子正是想说明库里肖夫效应"证明了电影乃是旋律性的整体"[4]，电影如同音乐旋律一样，是一种"时间性的形式"[5]。

因此，我并不完全赞同罗德里戈的判断，在我看来，梅洛－庞蒂在评论库里肖夫效应时，并不是想把电影图像比作一个句子中的最小语言单位（atome verbal），梅洛－庞蒂更多想把它当作一段旋律中的单个音符。当

1 M. Merleau-Ponty，*Sens et non-sens*，Paris，Gallimard，1996，p. 61.

2 参见 J.-P. Sartre，«Apologie pour le cinéma»，dans *Écrits de jeunesse*，éd. M. Contat，M. Rybalka，Paris，Gallimard，1990，p. 390. 萨特在这里说："我们可以把柏格森在别处对于音乐的分析运用到电影上来。"

3 M. Merleau-Ponty，*Sens et non-sens*，Paris，Gallimard，1996，p. 62.

4 M. Merleau-Ponty，*Sens et non-sens*，Paris，Gallimard，1996，p. 69.

5 M. Merleau-Ponty，*Sens et non-sens*，Paris，Gallimard，1996，p. 69.

然这样说似乎有点抽象。不过，普鲁斯特笔下《追忆似水年华（1）：在斯万家那边》的主角斯万（Swann）也想到了这一点，而且梅洛－庞蒂已经在《知觉现象学》[1]中提到过这些内容。

普鲁斯特写道："自从他（斯万）在维尔迪兰家那次晚会上请人把那个乐句再奏一遍以后，他竭力想弄清这个乐句是如何像一股清香、一次拥抱那样迷惑他，缠绕他的，他终于意识到那个收缩了的、冷冰冰的甘美之感，来自组成这个乐句的五个间距很小且其中两个还不断重复的音符；可事实上他不知道，他这番推理并非源于这个乐句本身，而是来自在首次听到那个奏鸣曲的晚会上认识维尔迪兰夫妇以前，由于懒得动脑筋，用以解释他所探索的音乐这个神秘实体的简单标准。"[2]

就像斯万一样，梅洛－庞蒂也知道，如果他将一个表达整体——在斯万那里是这个乐句，在梅洛－庞蒂这里是电影片段——的"形式"（也就是格式塔）拆解开，分析其中各个组成部分，就永远无法想清楚其中的意义是如何产生的。梅洛－庞蒂解释道："分析性知觉告诉我们独立元素的绝对性价值，这是一种滞后和例外的态度，

1　参见 M. Merleau-Ponty，*Sens et non-sens*，Paris，Gallimard，1996，pp. 253-254.

2　M. Proust，*Du côté de chez Swann*，dans *À la Recherche du temps perdu*，éd. J.-Y. Tadié（dir.），«Bibliothèque de la Pléiade»，Paris，Gallimard，1987，vol. I，p. 343.（此处中译参考马塞尔·普鲁斯特著，李恒基、徐继曾译，《追忆似水年华（1）：在斯万家那边》，译林出版社 1989 年版，第 346 页。——译者注）

是科学家在观察时或哲学家在反思时所持有的态度。”[1]

我们可以补充：这也是美学专家或电影专家的态度。正是因为这个，在考虑库里肖夫效应时，梅洛－庞蒂更想强调：“对于形式的知觉，或者更广泛地说，对于结构、整体或构形（configuration）的知觉，应当被视为我们自发的知觉模式。”[2]梅洛－庞蒂也以这种方式帮助电影悄悄摆脱了亨利·柏格森对它的沉重批评，我在前面已经提到过这个批评。在《创造进化论》第四章中，柏格森也将我们的知觉与电影的运作方式进行比照，但他的目的却是否定这两者能给我们带来的关于变化（devenir）的知识，柏格森写道：“这便是电影摄影所设计的方法。这也是知识的运作机制。我们不是将自己联系在事物的内部变化上，而是将自己置于事物之外，以便用人为的办法重新构成事物的变化。实际上，我们为不断从眼前经过的现实拍摄一幅幅快照，并且，由于这些快照表现了现实的种种特点，我们只要将这些快照串联成一种变化就可以了；这种变化是抽象的、整体的、不可见的，位于知识这部机器的后面，其作用是模仿事物变化自身的特点。知觉、思维和语言的一般运作就是如此。无论是思考变化、表达变化，甚至是觉察变化，我们都要启动内心的某种电影摄影机，此外我们

1 M. Merleau-Ponty, *Sens et non-sens*, Paris, Gallimard, 1996, pp. 62-63.

2 M. Merleau-Ponty, *Sens et non-sens*, Paris, Gallimard, 1996, p. 63.

几乎不做任何事情。因此，我们可以做出这样的小结：我们日常知识的机制，就是电影摄影的机制。”[1]

初看起来，柏格森说知觉的运作机制和电影摄影相同，这似乎也是梅洛－庞蒂在讲座上表达的观点。梅洛－庞蒂说：“我们可以把刚刚对于一般知觉所做的说明运用到对于电影的知觉上来。”不过梅洛－庞蒂之所以能得出一个与柏格森如此相似的结论，恰恰是因为他彻底改变了前提，梅洛－庞蒂认为：我们的自发知觉不是分析性的，而是综合性的，正因此，我们可以认为它具有电影的性质。实际上，在知觉的综合性特征中，其动力学机制至关重要，正是它，让我们知觉到的形式以及电影片段具有统一性，它远不像柏格森以为的那样矫揉造作，它促成了我们知觉的真实性。

在这个意义上，我们无疑可以更好地理解为什么梅洛－庞蒂没有像罗德里戈那样强调“图像本身的表意能力”。实际上，如果强调“图像本身的表意能力”，就意味着忽略了电影的特质，这种特质并不仅仅在于蒙太奇，蒙太奇更像是这种特质的结果，这种特质就是电影作为“时间性的形式”的特点。梅洛－庞蒂评论库里肖夫效应，也正是想强调这种特质。因此，他避免过分强

1 H. Bergson, *L'évolution créatrice* (1907), dans *Œuvres*, textes annotés par A. Robinet, «Introduction» par H. Gouhier, Édition du Centenaire, Paris, P. U. F., 1963, p. 753.（此处中译参考亨利·柏格森著，肖聿译，《创造进化论》，译林出版社 2014 年版，第 285-286 页。中译根据法文有改动。——译者注）

调“图像本身”，因为这样恰恰会像罗德里戈所批评的那样，把图像简化成“原子式的”元素。

而且，对电影的描述非但没有让梅洛－庞蒂失去对图像的关注，反而让他能够强调“每个图像的持续时间”[1]在电影中有多么重要，提醒我们注意“对话与沉默的交替是为了图像达到最大效果而安排的”[2]。简言之，梅洛－庞蒂强调“图像的内部节奏”[3]——此处我们借用了莫里斯·乔博特（Maurice Jaubert）的说法。

事实上，正如让－皮埃尔·沙科塞所说的，根据这种对电影的描述，“对一个图像的知觉取决于对它所在整个图像序列的知觉。同样的镜头伴随不同的前后镜头，感知起来也会有所不同。这种格式塔是时间性的，不仅因为它的放映‘需要时间’，而且因为一个镜头的意义会根据其时长而变化。因此，一个直接的结果是：一部电影的意义更多地取决于其画面的节奏，而不是取决于组成电影的画面本身”[4]。

这个结论还引申出另一层含义，即电影的现实主义外观下隐藏着虚构的特征。梅洛－庞蒂指出：“导致电影模糊性的是电影确实有一种基本的现实主义特征，但这并不意味着电影旨在让我们看到和听到我们在现实生

1 M. Merleau-Ponty，*Sens et non-sens*，Paris，Gallimard，1996，p. 69.
2 M. Merleau-Ponty，*Sens et non-sens*，Paris，Gallimard，1996，p. 71.
3 M. Merleau-Ponty，*Sens et non-sens*，Paris，Gallimard，1996，p. 72.
4 J.-P. Charcosset，*Merleau-Ponty. Approches phénoménologiques*，Paris，Hachette，1981，p. 22.

活中经历此事时实际会看到和听到的东西。”[1]

在此，我们可以通过参考康德美学来理解电影的虚构性与现实性。康德在《判断力批判》第 49 节谈到了“审美理念”，根据定义，审美理念诞生于艺术家的想象力，又体现在其所创造的艺术作品的美感之中。审美理念无法完全被概念化或者用概念表达，但却能引发“很多思考”[2]。在电影的例子中，根据梅洛－庞蒂的解释，这意味着“电影的意义体现在它的节奏之中，就如同一个动作的意义可以直接从动作本身中看出来一样，电影除了它自身无意表达其他。理念此处被还原到它的初生状态”[3]，也就是以未经概念化的形式表现出来。因此，这一理念无法与其感性显现分割开来。梅洛－庞蒂说电影的感性理念“从电影的时间性结构中涌现出来，就如同绘画的意义从画作各个局部的共存中涌现出来一样。……一部电影的意义如同我们之前所见到的事物的意义，二者都不诉诸单独的知性，而是诉诸我们默默理解世界与他人，并与他们共处的能力”[4]。

1 M. Merleau-Ponty，*Sens et non-sens*，Paris，Gallimard，1996，p. 72.

2 I. Kant，*Critique de la faculté de juger*（1790），trad. fr. A. Philonenko，Paris，Vrin，1993，§ 49，p. 213. 关于这个问题，一方面我们需要回顾康德的观点，即审美理念以“象征性”的方式发挥作用，也就是以间接和类比的方式发挥作用（§ 59，p. 263）；另一方面，萨特在《为电影辩护》中声称，在电影的思维方式中“是一种在其起源状态中的自然的象征主义”在发挥作用（J.-P. Sartre，«Apologie pour le cinéma»，dans *Écrits de jeunesse*，éd. M. Contat，M. Rybalka，Paris，Gallimard，1990，p. 394.）。萨特的这种说法是否参考了康德的观点，我们不得而知。

3 M. Merleau-Ponty，*Sens et non-sens*，Paris，Gallimard，1996，p. 73.

4 M. Merleau-Ponty，*Sens et non-sens*，Paris，Gallimard，1996，p. 73.

在此，我们回到梅洛－庞蒂坚持的看法，即“新心理学”和同时期一些艺术及哲学倾向存在内在一致性，它们都致力于重新教会我们如何看世界。胡塞尔曾用这句话来定义现象学的任务，而梅洛－庞蒂也曾引用这句话来刻画“新心理学”的目标：“它重新教会我们看这个世界，我们通过自身存在的整个表面与之相接触”[1]。

胡塞尔的话也让我们想起普鲁斯特的文学经验和保罗·克利的绘画经验。普鲁斯特在《追忆似水年华（1）：在斯万家那边》中谈到凡德伊（Vinteuil）奏鸣曲中的“乐句”时写道：“这个乐句试图模仿，试图再创造的是内心哀伤的魅力，而且要再现这种魅力的精髓；除了亲身感受这种魅力的人，任何别人都认为它是不能传达，也是毫无价值的；这个乐句却把这一精髓抓住了，把其化为可以看见的东西。”[2] 克利在《创作者的信条》（*Crédo du créateur*）的开篇也写道：“艺术不是再现可见的事物，而是使之可见。”[3] 另外，梅洛－庞蒂在“电影与新心理学”讲座结尾处解释道：“现象学哲学或存在哲学的一个精彩部分就在于惊异于这种我与世界、与

1 M. Merleau-Ponty，*Sens et non-sens*，Paris，Gallimard，1996，p. 68.

2 M. Proust，*Du côté de chez Swann*，dans *À la Recherche du temps perdu*，éd. J.-Y. Tadié（dir.），«Bibliothèque de la Pléiade»，Paris，Gallimard，1987，vol. I，p. 343.（此处中译参考马塞尔·普鲁斯特著，李恒基、徐继曾译，《追忆似水年华（1）：在斯万家那边》，译林出版社 1989 年版，第 346 页。——译者注）

3 P. Klee，«Crédo du créateur»（1920），dans *Théorie de l'art moderne*，éd. P.-H. Gonthier，Paris，Gallimard，1998，p. 34.

他人原本固有的联系，在于向我们描述这种悖论和混乱，在于让人看到主体与世界、主体与他人的关联，而不是像传统哲学所做的那样求助于绝对精神来解释它。”[1]

我们已经提到，梅洛－庞蒂的演讲分为两个部分，一部分关于“新心理学”，另一部分关于电影，两个部分在排版上是分开的。这两部分之后还有一个单独的结论部分，以上引用的话就出自这个部分。在结论中，继新心理学和电影后，梅洛－庞蒂重点谈到了哲学，特别是“当代哲学”[2]。它与“新心理学”和电影之间有一种自发但特殊的共鸣，与柏格森的哲学形成对比。尽管柏格森的哲学在整个演讲中都未被提及，但似乎正是它启发了梅洛－庞蒂选择向未来的电影导演[3]展示“现代心理学”[4]的成果，通过这种方式，梅洛－庞蒂驳斥了柏格森对电影的严厉评价。

梅洛－庞蒂提到“当代哲学”时用的是单数，他认为其动机、兴趣点和研究风格与“新心理学”和电影是一致的。特别是关于电影，梅洛－庞蒂解释说，当代哲

1 M. Merleau-Ponty，*Sens et non-sens*，Paris，Gallimard，1996，p. 74.（此处中译参考梅洛－庞蒂著，张颖译，《意义与无意义》，商务印书馆 2018 年版，第 78 页。——译者注）

2 M. Merleau-Ponty，*Sens et non-sens*，Paris，Gallimard，1996，p. 74.

3 “这场讲座首先针对的是电影专业的学生、教师、从业者、有志成为从业者的人，以及一些电影理论家（如 Moussinac、Sadoul、Mitry、Damas，他们参与了这个机构的活动或与之联系紧密）。”参见 F. Albera，«Maurice Merleau-Ponty et le cinéma»，art. cit.，p. 121.

4 M. Merleau-Ponty，*Sens et non-sens*，Paris，Gallimard，1996，p. 63.

学“并不是把概念连接起来，而是描述意识与世界的混合，描述它在身体中的嵌入，以及与他者的共存，而这些主题恰恰是最具电影特性的”[1]。

克里斯蒂安·梅茨在1964年评论梅洛－庞蒂的这篇文章时写道：“在梅洛－庞蒂关于‘电影与新心理学’的演讲之后，渐渐有人开始从现象学的角度去定义或探讨电影：一段电影，如同生活中的一段场景，本身就具有意义，能指与所指在其中很难被区分开来。‘艺术的乐趣在于展示一个事物如何逐渐具有意义，这一过程不是通过指向已有和现成的概念，而是通过元素的时间性或空间性安排实现的……’[2]这是一种完全不同的对于布局（agencement）的理解。电影，作为最具‘现象学’特点的艺术，其能指与所指一体共存，它是自我阐释的表演，因而并非一般所说的符号……E. 苏里奥（E. Souriau）、M. 索里亚诺（M. Soriano）、R. 布兰查德（R. Blanchard）、G. 马塞尔（G. Marcel）、G. 科恩－塞亚特（G. Cohen-Séat）、A. 巴赞、M. 马丁（M. Martin）、A. 埃弗雷（A. Ayfre）、G. A. 阿斯特（G. A. Astre）、A.J. 科利埃（A.J. Cauliez）、B. 多特（B. Dort）、R. 瓦扬（R. Vailland）、D. 马里翁（D. Marion）、A. 罗布－格里耶（A. Robbe-Grillet）、B. 扎佐和R. 扎佐（B. et R. Zazzo）等人

1 M. Merleau-Ponty，*Sens et non-sens*，Paris，Gallimard，1996，p. 75.

2 M. Merleau-Ponty，*Sens et non-sens*，Paris，Gallimard，1996，p. 73.（此处我校对了克里斯蒂安·梅茨对梅洛－庞蒂的引用。）

都在不同的文章中表达了这一观点。有可能人们有点过分强调这一观点了，毕竟电影并不真的就是生活，它是人们创作出来的一段场景。但暂且不论这些争议，从这些学者的讨论中，我们很容易看出电影理论发展史中一次无可争议的群体性共识。”[1]

在梅茨指出的梅洛－庞蒂这场演讲所开辟的新视角中，我们不难看出此时法国新浪潮电影具有的某些特征。因此，我们毫不意外地发现了新浪潮电影最具代表性的导演让－吕克·戈达尔（Jean-Luc Godard）在电影中引用了梅洛－庞蒂在演讲末尾所说的一段话，这段话已经指出了梅茨将在 20 年后再次谈到的“共识”：“哲学家和电影导演共享某种存在方式，共享一代人对于世界的看法。”[2]

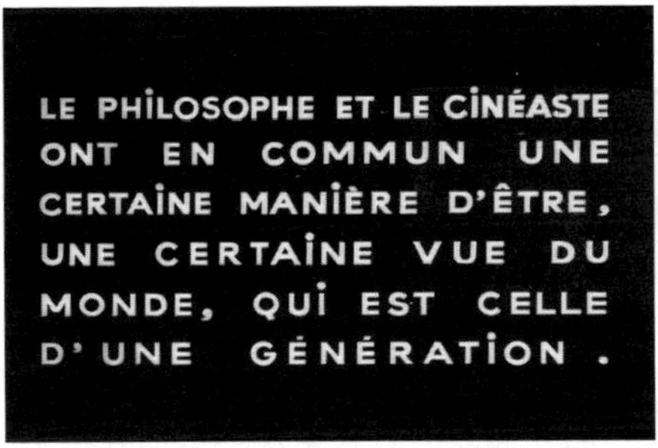

电影《男性，女性》（1966）

来源：Prod. D8 ©Argos Films/DR carton

1 C. Metz, «Le cinéma: langue ou langage?», *Communications*, n°4, (1964), pp. 52-90; dans *Essais sur la signification au cinéma*, Paris, Klincksieck, tome 1, 1968, p. 50.

2 M. Merleau-Ponty, *Sens et non-sens*, Paris, Gallimard, 1996, p. 75.

这段引文出现在戈达尔 1966 年的电影《男性，女性》(*Masculin, féminin*)[1]。同年在法国，罗伯特·布列松(Robert Bresson)的电影《驴子巴特萨》(*Au Hasard, Balthazar*)也上映了,《电影手册》第 177 期发表了一篇题为《巴特萨的遗言》(«Le testament de Balthazar»)的文章，由戈达尔和梅洛 – 庞蒂的语录汇集而成[2]：二人有关时间、他性、死亡、我思和自由的反思都被用来描绘电影中的主角——无辜的驴子巴特萨。我们不难发现其中有一些段落摘自《知觉现象学》，而我们知道这本书与梅洛 – 庞蒂在 IDHEC 所做的讲座是同时期的。而当梅洛 – 庞蒂被列为《巴特萨的遗言》的共同作者时，他已经离世 5 年了。

“电影中的运动问题”

让我们先回到梅洛 – 庞蒂关于哲学家与电影导演时代性共识的观点，这令戈达尔极感兴趣，再进一步分析梅洛 – 庞蒂关于电影的思考。

梅洛 – 庞蒂在大约 15 年之后又重新对这一观点进行阐述，这个观点在理论上非常谨慎，但坦白来说，又稍显狭隘。而在此时，它在本体论层面获得了明确的意

1 参见 S. Kristensen，«Maurice Merleau-Ponty，une esthétique du mouvement»，*Archives de Philosophie*，69，2006，p. 137，note 31.

2 M. Merleau-Ponty，J.-L. Godard（propos recueillis par），«Le testament de Balthazar»，*Cahiers du cinéma*，177，1966，pp. 58-59.

义。相关论述出现在梅洛－庞蒂为“笛卡尔本体论与当今本体论”课程所准备的笔记中，但这些思考因他的突然去世而中断。在这些笔记中，梅洛－庞蒂介绍了课程的内容，并强调课程标题所暗示的课程主题“并不是通常意义上的哲学史，而是以如今的思考框架与视野去思考过去，以便让我们理解如今的思想。课程目标是思考今日的本体论，从这里出发，然后去思考笛卡尔和笛卡尔主义者，再回过头来看今日哲学的可能性”[1]。

这一课程实际上旨在为当今本体论，为“一种自发性的哲学和根本性的思想”[2]提供哲学表述。梅洛－庞蒂解释说，迄今为止，这些思想主要在文学领域得到表达[3]，不过也在艺术领域得到体现，梅洛－庞蒂在“括号里”特别指出：“（绘画－电影）。”[4]再往下两行，他补

1 M. Merleau-Ponty，*Notes des cours au Collège de France 1958-1959 et 1960-1961*，texte établi par S. Ménasé，«Préface» de C. Lefort，Paris，Gallimard，1996，pp. 390-391.

2 M. Merleau-Ponty，*Notes des cours au Collège de France 1958-1959 et 1960-1961*，texte établi par S. Ménasé，«Préface» de C. Lefort，Paris，Gallimard，1996，p. 391.“根本性的思想”一词在这里就是指一种“自发性的哲学”或“未被思考的思想”，在其中发挥作用的正是人与存在间的一种关系，而这种关系尚未真正被严格的哲学思维所思考。

3 M. Merleau-Ponty，*Notes des cours au Collège de France 1958-1959 et 1960-1961*，texte établi par S. Ménasé，«Préface» de C. Lefort，Paris，Gallimard，1996，p. 391.

4 M. Merleau-Ponty，*Notes des cours au Collège de France 1958-1959 et 1960-1961*，texte établi par S. Ménasé，«Préface» de C. Lefort，Paris，Gallimard，1996，p. 391. 梅洛－庞蒂在专门论述“自然的概念”的第三次课程“自然与逻各斯：人的身体”（1959—1960 年）的准备性笔记中再次提到绘画与电影：“可见与不可见之间的这些关系，可见世界的逻各斯与理念世界的逻各斯之间的这些关系，只有在未来几年，通过对语言和其他表达体系（绘画与电影）、历史及其结构的讨论才能进行研究。”参见 M. Merleau-Ponty，*La Nature. Notes. Cours du Collège de France*，éd. D. Séglard，Paris，Seuil，1995，p. 291.

充说：“安德烈·巴赞的电影本体论。”[1] 稍微再往下他又写道：“在艺术中，电影，电影的本体论——例如，电影中的运动问题。”[2]

这些课程笔记让我们看到，电影发展所开启的经验与反思和当代绘画与文学的发展线索之间有很多共通之处。与此同时，梅洛－庞蒂试图通过这门课程对他所提出的“新本体论”以“哲学上的表述”[3]。正如我们所看到的，他打算以“电影中的运动问题”作为范例来分析这些线索。因此，毫不意外而且更为有趣的是，后期梅洛－庞蒂对电影所做的两点小小反思恰好都涉及这个问题。

第一处的反思出现在《可见的与不可见的》其中一章，后来梅洛－庞蒂用新的内容取代了这一章，克洛德·勒福尔（Claude Lefort）在编辑梅洛－庞蒂这本遗著时将原来的版本作为“附录”保留了下来。这几行文字的含义有些晦涩，其中前半部分批评了柏格森对于电影的指责：“对于将非连续图像在观众眼中连续起来的运动现象的真实，电影的非连续图像并不能说明什

1 M. Merleau-Ponty，*Notes des cours au Collège de France 1958-1959 et 1960-1961*，texte établi par S. Ménasé，«Préface» de C. Lefort，Paris，Gallimard，1996，p. 391.

2 M. Merleau-Ponty，*Notes des cours au Collège de France 1958-1959 et 1960-1961*，texte établi par S. Ménasé，«Préface» de C. Lefort，Paris，Gallimard，1996，p. 391. 关于最早将电影诞生与关于运动的传统哲学思考联系起来的讨论，参见 P. Montebello，*Deleuze, philosophie et cinéma*，Paris，Vrin，2008，pp. 11-16.

3 M. Merleau-Ponty，*Notes des cours au Collège de France 1958-1959 et 1960-1961*，texte établi par S. Ménasé，«Préface» de C. Lefort，Paris，Gallimard，1996，p.166.

么——甚至不能证明世界包含着无运动物体的运动：运动物体完全可能由知觉者投射出来。”[1]

第二处的反思是在《眼与心》中，梅洛－庞蒂在此处比较了对于运动的不同艺术表达，他写道：“马雷（Marey）的照片，立体主义者的分析（analyses），杜尚（Duchamp）的《新娘》都是静止不动的：它们提供的是对运动的芝诺（Zenon）式沉思。我们看见一个凝固的身体，它就像关节活动的盔甲一样，神奇地既在这里又在那里，却并未从这里移动到那里。电影描绘运动，但它究竟是如何描绘呢？就像有人说的那样，通过尽可能贴近地复制位置变化？但我们推测不是这样，因为慢镜头显示，身体就如同某一藻类那样漂浮在物体之中，它自身不会主动运动。”[2]

此处，梅洛－庞蒂强调了电影的现实主义并不在于模仿，这一论断具有本体论层面的深刻意义，可惜他并没有就电影主题进行进一步的讨论。

而同样是对两种艺术表达共同点的讨论，梅洛－庞蒂在法兰西学院讲授的首门课程“感性世界与表达

1 M. Merleau-Ponty，*Le visible et l'invisible*，texte établi par C. Lefort，Paris，Gallimard，1964，p. 208.（此处中译参考梅洛－庞蒂著，罗国详译，《可见的与不可见的》，商务印书馆 2021 年版，第 196 页。中译根据法文有改动。——译者注）

2 M. Merleau-Ponty, *L'œil et l'esprit*, Paris, Gallimard, p. 78.（此处中译参考梅洛－庞蒂著，杨大春译，《眼与心》，商务印书馆 2007 年版，第 81-82 页。中译根据法文有改动。——译者注）

世界”（Le monde sensible et le monde de l’expression，1953）的课程摘要——“论绘画和电影艺术对于运动的使用”[1]中，花了更多的篇幅讨论电影问题。这门课程的备课笔记已由埃马纽埃尔·德·圣·奥贝尔[2]和斯蒂芬·克里斯滕森（Stefan Kristensen）[3]编辑出版。

梅洛－庞蒂在这份课程笔记里的思考让我们能够更加直观地理解，或至少更准确地推断出，他在思想的最后阶段可能在何种方向上发展出对于电影的本体论思

1　M. Merleau-Ponty，*Résumés de cours. Collège de France (1952-1960)*，Paris，Gallimard，1982，p. 19.

2　圣·奥贝尔在其文章《梅洛－庞蒂哲学中的意识与表达问题》（«Conscience et expression chez Maurice Merleau-Ponty»，*Chiasmi international*，nouvelle série，10，2008，pp. 85-106.）中提到了这些笔记。在这篇文章中，圣·奥贝尔强调："这篇文献在梅洛－庞蒂哲学思想发展过程中占据了一个特殊的位置。这些内容与《关于语言的文学使用研究》（*Recherches sur l’usage littéraire du langage*）一同构成了梅洛－庞蒂在法兰西学院最早开设的课程，梅洛－庞蒂为此进行了精心准备，备课笔记的篇幅相当于一本130页的出版物。笔记完成的时间（1953年初）也具有重要的意义。梅洛－庞蒂的博士论文发表于1945年，1945年到1949年是他最具有存在主义色彩的思想阶段，1950年到1952年是他在索邦大学授课的三年，在这之后的两个时期见证了‘肉身’概念的诞生，以及‘表达’主题的浮现（特别是在1949年初墨西哥讲座的准备工作中，以及两年后《人及其厄运》讲座和《世界的散文》手稿主体部分的写作过程中）。而这门题为‘感性世界与表达世界’的课程将梅洛－庞蒂《知觉现象学》中的核心概念‘知觉’与随后的‘表达’问题联系起来，我们从课程标题就能看到这点。”参见：E. de Saint Aubert，«Conscience et expression：Avant-propos»，dans M. Merleau-Ponty，*Le monde sensible et le monde de l’expression: Cours au Collège de France. Notes，1953*，Genève，MētisPresses，2011，pp. 7-38.

3　斯蒂芬·克里斯滕森在其题为《莫里斯·梅洛－庞蒂，一种运动美学》的文章中引用了这些笔记（S. Kristensen，«Maurice Merleau-Ponty，une esthétique du mouvement»，*Archives de Philosophie*，69，2006，pp. 123-146.）。他在文中指出，通过对这些课程笔记的考察，他旨在讨论“梅洛－庞蒂关于运动的现象学思考及其与电影的关系”，并最终“探讨让－吕克·戈达尔与现象学的关系，展示与德勒兹电影理论对话的可能性”（S. Kristensen，«Maurice Merleau-Ponty，une esthétique du mouvement»，*Archives de Philosophie*，69，2006，p. 123.）。

考。另外，为讲授“感性世界与表达世界”而准备的课程笔记，似乎也证实了我们之前的推测，即梅洛－庞蒂在巴黎高等电影研究所发表的演讲的确在暗中回应了柏格森对于电影的评判。和《电影与新心理学》一样，此处梅洛－庞蒂也援引了格式塔理论来讨论知觉，而这次，梅洛－庞蒂更直接地利用这一理论来反驳柏格森关于电影的观点。

此外，在这门课程的课程摘要中，梅洛－庞蒂已经借助格式塔理论研究来批评柏格森关于运动的观点，这些内容也让我们更好地理解之前引用的作为附录保留在《可见的与不可见的》中的相关章节。在课程摘要中，梅洛－庞蒂解释说：“将运动理解为位置的变化或一个‘移动的物体’与其参照物之间关系的变化，这是一种回溯性的解释，是对我们关于运动的身体经验的总结性概括。就像芝诺悖论所展示的那样，一旦脱离其知觉基础，运动就变得不可表象，乃至自我消解。但是仅仅像柏格森提议的那样，回到从内部体验到的运动，即回到我们自身的运动，依然不足以理解运动；必须明白我们的动作整体是如何立即在外部现象中扩散并传递开来，而后者在客观思维看来是不现实的。”[1]

正是在这个问题上，梅洛－庞蒂援引了“格式塔

1　M. Merleau-Ponty，*Résumés de cours. Collège de France (1952-1960)*，Paris，Gallimard，1982，p. 13.

理论研究”[1]。正如我前面提到的，在同一课程的课程笔记中，他参考马克斯·韦特海默（Max Wertheimer）对频闪运动的描述，并对柏格森关于电影的观点加以批评。马克斯·韦特海默是格式塔主义代表理论家。而所谓频闪运动是指由在背景上快速变化的连续图像序列产生的运动影像，它让我们能够看到一段完整的电影片段。不过需要注意的是，对梅洛－庞蒂来说，这种经验并不预设任何“无运动物体的运动”（mouvement sans mobile）。《可见的与不可见的》附录中关于电影的简短讨论没有提到“无运动物体的运动”这个说法，但1953年课程笔记[2]却多次提及它，并且这个说法确实来自韦特海默[3]。梅洛－庞蒂在《知觉现象学》中已经指出这种说法是站不住脚的，它会让运动再次变得难以理解，因为这种说法“预设了一个自在运动的物体”[4]。这些笔记旨在发展一种“知觉着的身体理论”（théorie du

1 M. Merleau-Ponty, *Résumés de cours. Collège de France (1952-1960)*, Paris, Gallimard, 1982, p. 13.

2 参见 M. Merleau-Ponty, *Le monde sensible et le monde de l'expression: Cours au Collège de France. Notes, 1953*, Genève, MētisPresses, 2011, p. 66, 68, 93, 97.

3 梅洛－庞蒂特别引用了韦特海默的《运动视觉的实验研究》，见 M. Wertheimer, «Experimentelle Studien über das Sehen von Bewegung», *Zeitschrift für Psychologie*, n° 61, 1912, pp. 161-265.

4 梅洛－庞蒂在《知觉现象学》第 313 页中提到了这一点（M. Merleau-Ponty, *Phénoménologie de la perception*, Paris, Gallimard, 1945, p. 313.）。在第 317 页，他再次提到韦特海默时写道：“心理学家让我们回到这一现象层面。我们不会说它是非理性的或反逻辑的。只有预设一个无运动物体的运动时才会如此。”

corps percevant)[1]，不仅不同于柏格森的看法，也不同于韦特海默的观点。这一理论将证明由“电影非连续图像”所产生的“运动现象的真实”，并向我们展示——如同《可见的与不可见的》附录中的简短引文所说——“运动物体完全可能由知觉者投射出来”。

此外，这句话带着一点主观推测的语气，这或许是梅洛－庞蒂选择不出版这一章节的原因。但我们要记住，这句话的核心意图在于强调，通过身体性的介入，运动与我们经验的外部和内部同时建立起了关联。也同样是为了强调这一点，在 1953 年的课程笔记中，梅洛－庞蒂使用“图形化”（figural）这一概念来说明图形与背景离不开我们的知觉，而不是像格式塔心理学那样，认为存在独立的图形与背景。简言之，梅洛－庞蒂用这个术语说明我们运动经验的本质统一性，在他看来，“格式塔理论将图形化的瞬间视为某些客观条件，这些条件根据因果法则决定了一种第三人称视角下的组织过程”[2]。

---

1 参见 M. Merleau-Ponty，*Le monde sensible et le monde de l'expression: Cours au Collège de France. Notes*，*1953*，Genève，MētisPresses，2011，p. 92. 斯蒂芬·克里斯滕森在《莫里斯·梅洛－庞蒂，一种运动美学》中引用了这个说法（S. Kristensen，«Maurice Merleau-Ponty，une esthétique du mouvement»，art. cit.，p. 128），并解释说，梅洛－庞蒂承认“柏格森的思想中隐含对身体的指涉，但由于缺乏‘知觉着的身体理论’，他未能处理‘现象秩序中的运动’问题，最终将世俗时间中可分割的绵延与意识所特有的绵延混为一谈”。

2 M. Merleau-Ponty，*Le monde sensible et le monde de l'expression: Cours au Collège de France. Notes*，*1953*，Genève，MētisPresses，2011，p. 102.

克里斯滕森在解释他整理的这段笔记时说到，按照梅洛－庞蒂的说法，“频闪运动的结构与我们‘自然知觉’的结构相同。梅洛－庞蒂通过阐述‘所有运动都是频闪的’[1]这一论点表达了此看法。我们视知觉的运作方式与电影技术生成运动的方式之间存在本质的相似性。为了支持这一观点，他明确提到了电影[2]。他还引用柏格森在《创造进化论》第四章开头的著名论点，指出电影装置‘绝非幻觉’[3]。我们必须承认，这就是我们的知觉结构；从这个意义上讲，我们的身体是一台‘活着的机器’，它基于自身的结构，为所感知事物赋予形式”[4]。

为了证明这个观点，梅洛－庞蒂举了一部电影，这也是他在课程笔记中明确提到的为数不多的几部电影之一。准确来说，他提到了这部电影中的一个片段，即让·维戈（Jean Vigo）的杰作《操行零分》（*Zéro de conduite*）中以慢镜头拍摄的学校宿舍暴动场景。这部作品拍摄于 1933 年，之后被审查禁映，直到 1945 年才解禁，但它已成为电影史上一部经典之作，尤其受到

1 M. Merleau-Ponty，*Le monde sensible et le monde de l'expression: Cours au Collège de France. Notes*，*1953*，Genève，MētisPresses，2011，p. 96.

2 M. Merleau-Ponty，*Le monde sensible et le monde de l'expression: Cours au Collège de France. Notes*，*1953*，Genève，MētisPresses，2011，p. 96.

3 M. Merleau-Ponty，*Le monde sensible et le monde de l'expression: Cours au Collège de France. Notes*，*1953*，Genève，MētisPresses，2011，p. 96.

4 S. Kristensen，«Maurice Merleau-Ponty，une esthétique du mouvement»，art. cit.，p. 129.

“新浪潮”导演们的推崇。[1]正如乔治·萨杜尔（Georges Sadoul）所指出的，这段场景“因其音乐以及影像中如交响乐般的大量白色元素而让人赞叹”[2]，影片中学校的孩子们穿着睡衣，在宿舍内以慢动作的方式跳跃着，从破烂枕头里漏出的羽毛在空中飞舞。梅洛－庞蒂在课程笔记中对这一片段的所有引用都关联着他在旁边用括号括起来的关键性名字：莫里斯·若贝尔（Maurice Jaubert）。若贝尔是二战前法国最伟大的电影音乐作曲家，梅洛－庞蒂在《电影与新心理学》中曾引用他关于“音乐在电影中的作用”的思考。[3]《操行零分》的音乐就由若贝尔创作。他对梅洛－庞蒂提到的那个片段也做了解释：“作曲家需要为孩子们在夜间暴乱游行的一段场景配乐（实际上这段场景氛围颇为诡异，而且还是以慢镜头拍摄的）。为了创造一种不真实的效果，作曲家在谱完曲后，又将其倒过来录制，这样最后一节音乐就变成第一节音乐，最后一个音符变成第一个音符，与最初的音乐已经相去甚远。当音乐在电影中以这种方式播放时，原始旋律的轮廓又重新显现出来，不过是以完全颠倒的方式浮现出来的，正是这一简单的机械操作给电影

1 S. Kristensen，«Maurice Merleau-Ponty，une esthétique du mouvement»，art. cit.，p. 136，note 27.

2 G. Sadoul，*Dictionnaire des Films*，Paris，Seuil，1965，éd. mise à jour par É. Breton，1976，p. 278.

3 参见 M. Merleau-Ponty，*Sens et non-sens*，Paris，Gallimard，1996，p. 71.

蒙上了一层神秘的面纱。”[1]

梅洛－庞蒂的笔记正是谈到了由音乐倒放和慢动作共同营造的效果。而且梅洛－庞蒂的看法似乎也呼应了若贝尔的解释，他们都强调这一片段在观众心中引起一种“非真实感”[2]和“陌生感”[3]。这也是梅洛－庞蒂对这一片段特别感兴趣的原因，事实上，在他看来，这一片段从反面证明了日常知觉与电影知觉之间存在的共同逻辑，这与柏格森的看法不同，因为柏格森认为电影知觉仅仅是对日常知觉的虚幻再现。这个共同的逻辑正是《操行零分》试图通过音乐倒放和慢动作摆脱的知觉的逻辑[4]，通过摆脱这一逻辑，电影创造了一种非真实感。因此，梅洛－庞蒂在课程摘要中写道：“管乐器发出的声音带有创造这一声音的气流的痕迹，以及这一气流的有机节奏，这就是为什么如果我们把正常录制的音乐倒过来播放就会感受到一种陌生感。同样，运动也绝不是简单的‘位移’，运动铭刻在形象或物质的纹理之中，

---

1 转引自 G. Sadoul, *Dictionnaire des Films*, Paris, Seuil, 1965, éd. mise à jour par É. Breton，1976，p. 561.

2 M. Merleau-Ponty，*Le monde sensible et le monde de l'expression: Cours au Collège de France. Notes*，*1953*，Genève，MētisPresses，2011，p. 119.

3 M. Merleau-Ponty，*Le monde sensible et le monde de l'expression: Cours au Collège de France. Notes*，*1953*，Genève，MētisPresses，2011，p. 113.

4 关于这一点，梅洛－庞蒂在课程笔记中写道：“像这样的知觉的逻辑——（身体）。”参见 M. Merleau-Ponty，*Le monde sensible et le monde de l'expression: Cours au Collège de France. Notes*，*1953*，Genève，MētisPresses，2011，p. 120.

运动揭示了它们的存在。”[1]

不仅如此，在观看这一片段时，我们必然能确认，梅洛－庞蒂在《眼与心》中提到电影中的运动表达时，依然在谈论这一影片。在此，梅洛－庞蒂稍显神秘地说道：“慢动作呈现了一个飘浮在物体之间的身体，像一片海藻，几乎没有运动。”[2]在这一片段中，那个飘浮的身体就像海藻一样，轻柔地在空中翻腾，仿佛它本身就是一片羽毛，又或者像比尔·维奥拉（Bill Viola）作品里的天使。[3]

---

1 M. Merleau-Ponty, *Résumés de cours. Collège de France (1952-1960)*, Paris, Gallimard, 1982, p. 15.

2 M. Merleau-Ponty, *L'œil et l'esprit*, Paris, Gallimard, p. 78. 安娜·卡特里娜·达尔马索在其文章（«Le medium visible. Interface opaque et immersivité non mimétique», *Chiasmi international*, nouvelle série, n° 16, 2014, p. 115）中指出梅洛－庞蒂这句话与《操行零分》的关联，我赞同并引用其观点。她还指出梅洛－庞蒂的比喻与让·爱泼斯坦（Jean Epstein）在《机器的智能》（*L'intelligence d'une machine*）中对慢镜头效果的描述之间存在相似之处，而梅洛－庞蒂在《感性世界与表达世界》（M. Merleau-Ponty, *Le monde sensible et le monde de l'expression: Cours au Collège de France. Notes, 1953*, Genève, MētisPresses, 2011, pp. 116-117.）中也引用了爱泼斯坦的描述：“在慢镜头下，恰恰相反，我们观察到的是形式的退化……整个人只剩下平滑的肌肉，漂浮在一个浓稠的环境中，那里的浓厚水流托举并塑造着这个古老海洋生物的后代……如果再放慢一点，所有的活性物质都会退回到它的基本黏性状态，其胶体性质的本质也浮现出来。”（J. Epstein, *L'intelligence d'une machine*, Paris, Éditions Jacques Melot, 1946, p. 59.）参见 A. C. Dalmasso, «Le medium visible. Interface opaque et immersivité non mimétique», art. cit., pp. 122-123, note 89.

3 关于梅洛－庞蒂的研究与维奥拉作品之间的关联，参见 I. Matos Dias, «Croisement de regards. La phénoménologie de M. Merleau-Ponty et l'art vidéo de Bill Viola», *Daímon. Revista de Filosofía*, número 44, Mayo-Agosto 2008, pp. 85-92.

电影《操行零分》(1933)
来源：Prod. D8 ©Argos Films/DR

结合影片和刚刚的讨论，我们可以确认，《眼与心》里的这句话绝不是在否认电影提供的运动知觉，而是在批评这样一种看法，即认为我们越是能感知到对于运动的逼真再现，就越能体会到真实感。[1] 实际上恰恰相反，这种感知只能扭曲那种将我们的身体与世界直接联系起

1 梅洛－庞蒂在《间接的语言和沉默的声音》中批评了这种观念。此处，他也提到了对于慢动作的使用："有一台摄影机以慢动作记录了马蒂斯的创作过程。效果是如此惊人，据说连马蒂斯本人都为之感动。……当然，这种分析中有某种人为的成分，如果马蒂斯真的根据慢镜头，认为自己那天在所有可能的线条之间做出了选择，那他就错了。……是慢动作在列举各种可能性。"参见 M. Merleau-Ponty，«Le langage indirect et les voix du silence»（1952），*Signes*，Paris，Gallimard，1960，p. 57.

来的知觉逻辑。因此，当在电影中看到一个慢动作时，我们的身体无法对其感同身受，反而会觉得这个人的生存方式和我们完全不同，更像是海藻。知觉的逻辑表明我们与世界的联系是直接且根本的，所以我们不能将运动拆分成亲身体验到的运动和发生在世界之中的运动。这种知觉的逻辑甚至也阻止我们将运动描述成存在的内部运动（mouvement intérieur à l'être），因为这样说就可能暗示存在本身是静止不动的。事实上，正如格式塔心理学实验以及有关电影的经验所说明的，背景对于运动知觉至关重要，因此，我们不能把运动当成存在之中的运动（mouvement dans l'être），而要将它理解成存在本身的运动，同时，也要将存在理解成运动着的存在。梅洛－庞蒂在课程笔记的最后也确认了这一点："因此，在这里运动等同于对于存在的揭示，是其内部构造引起的结果，完全不是位置的变化。"[1]

所以，如果对萨特来说，电影向西方思想提出了一个决定性的问题，那么对梅洛－庞蒂来说，电影给我们指出了一个避免西方思想固有的二元论倾向的思考方向。从这个角度出发，"感性世界与表达世界"课程摘要没有把"对于运动的运用"（l'emploi du mouvement）

1 M. Merleau-Ponty, *Le monde sensible et le monde de l'expression: Cours au Collège de France. Notes, 1953*, Genève, MētisPresses, 2011, p. 102. 梅洛－庞蒂在《符号》的序言中写道："世界和大写的存在依赖于运动而维系，只有这样，一切事物才能共存。"（M. Merleau-Ponty, *Signes*, Paris, Gallimard, 1960, p. 30.）

问题当成一个单独的问题，而是将其视为与“电影艺术”（art du cinéma）相同的问题，而“电影艺术”这个说法本身也意味深长。

梅洛－庞蒂早在1948年在法国电台的“谈话”（*Causeries 1948*）中就已经提到过将电影视作一种艺术，在之前对年轻的萨特的考察中，我们已经看到这一问题深刻的哲学意义。梅洛－庞蒂在“谈话”中说：“尽管电影还没有创作出太多堪称艺术作品的成果，尽管对明星的追捧、镜头切换、情节变化的戏剧性、精美的摄影效果或精妙的对话等因素，都可能使电影偏离方向、陷入困境、忽略电影独有表达方式而错失成功——尽管有这些情况，但我们至今几乎没见过完全成熟的电影作品，可我们可以隐约看到这类作品的模样，也将会发现，像所有的艺术作品一样，电影仍然是我们感知到的东西。”[1]

梅洛－庞蒂因此认为，如果电影是“完全成熟的电影”，也就是说，如果它能够避免迎合商业成功的诱惑，能够不因为其他表现形式（如摄影或文学）的干扰而牺牲自己独有的表达方式，那么它就“完全算是艺术作品”。简言之，梅洛－庞蒂建议将那些独立自主的电影视为“电影艺术”。在上一段的引文之后，梅洛－庞蒂继续写道：“因为最终构成电影美感的，并不是故事

1 M. Merleau-Ponty，*Causeries 1948*，éd. S. Ménasé，Paris，Seuil，2002，p. 57.

本身——那是用散文就能讲述好的东西，更不是故事可能暗示的思想，也不是导演通过某些习惯、癖好或手法让人辨识出来的风格，这些并不比作家常用的词汇更具有决定性意义。真正重要的是所呈现的片段选择，以及每个片段中出现的电影画面的选择、各个元素的相对长度、它们被呈现的顺序，以及是否配以声音或对话，所有这些共同构成了一种整体的电影节奏。”[1]

这个“整体的电影节奏”体现的正是梅洛－庞蒂在“感性世界与表达世界”课程摘要中指出的“电影艺术”特有的“对于运动的运用”[2]。他在摘要中解释道：“电影最初作为一种拍摄运动物体或再现运动（représentation du mouvement）的手段被发明，然而电影随之所发

1 M. Merleau-Ponty, *Causeries 1948*, éd. S. Ménasé, Paris, Seuil, 2002, pp. 57-58.

2 虽然梅洛－庞蒂在课程笔记与课程摘要中都没有提到安德烈·马尔罗（André Malraux）和他关于电影的思考（不过梅洛－庞蒂在《电影与新心理学》中直接提到了他，参见 M. Merleau-Ponty, *Sens et non-sens*, Paris, Gallimard, 1996, p. 71 et 74.），但我认为有必要在此指出该课程将电影视为艺术的观点与马尔罗在其《电影心理学概说》中所写内容之间的呼应。该文发表于 1940 年 *Verve* 杂志中，梅洛－庞蒂于 IDHEC 的讲座中提到了它（在他 1948 年的“谈话”中也可以看到马尔罗的文章的影子）。马尔罗在文章中写道：“当电影只是再现运动人物的手段时，它并不比留声机或再现式摄影更具艺术性。在一个有限的空间内，通常是一幕真实或虚构的舞台剧场景上，演员们进行表演，而设备仅仅是记录这些场景。电影作为一种表达手段（而非再现手段）的诞生，始于对这种有限空间的破坏。”参见 A. Malraux, «Esquisse d'une psychologie du cinéma»（1940），dans A. Malraux, *Écrits sur l'art*, I, J.-Y. Tadié（dir.），avec la collaboration d'A. Goetz, C. Moatti et F. de SaintCheron, «Bibliothèque de la Pléiade», Paris, Gallimard, 2004, pp. 5-16, ici p. 8. 随后马尔罗还写道：“作为再现手段的电影只是会移动的照片，而作为表达手段的电影乃是连续的画面。”

现的远不止是地点的变化：它找到了一种全新的象征思想的方式，一种再现自身的运动（mouvement de la représentation）。”[1]

在这种“发现”里，我们既能看到电影的艺术特征，即克利指出的所有艺术都具有的非模仿性特征，也能看到电影在本体论上的新颖性。梅洛－庞蒂随后更明确地指出这两个方面，他写道：“如今的电影不再像早期那样表现客观的运动，而是表现视角的转换，这种转换界定了人物间的变换，或者从人物向事件的滑动。”[2]

另外，在前面引用的句子里，梅洛－庞蒂仍然使用了“再现”这一概念，不过，我们可以断定，正是对“再现自身的运动”的发现让他放弃了“再现”的概念，转而充分探讨“视觉”的深刻内涵，并且坚决避免将视觉简化为“思想在心灵之前展现一个世界的图画，或者说是对世界的一种再现”[3]。

此外，这也让我们更好地理解了梅洛－庞蒂对安德烈·巴赞思想的兴趣，尽管他只是在 1960 年到 1961 年的课程笔记中略加提及巴赞。事实上，梅洛－庞蒂后期的思想与巴赞之间的共鸣主要集中在他们对于视觉以及图像的新本体论考量上。

---

1 M. Merleau-Ponty，*Résumés de cours. Collège de France (1952-1960)*，Paris，Gallimard，1982，p. 20.

2 M. Merleau-Ponty，*Résumés de cours. Collège de France (1952-1960)*，Paris，Gallimard，1982，pp. 29-30.

3 M. Merleau-Ponty，*L'œil et l'esprit*，Paris，Gallimard，p. 17.

图像的本体论：图像作为互为先行（précession réciproque）的形象

巴赞在 1945 年发表的文章《摄影影像的本体论》（*Ontologie de l'image photographique*）[1] 对二战后电影理论的更新具有奠基性意义。巴赞在文中谈论超现实主义摄影时写道："想象与现实之间的逻辑性区分趋于消失。每一幅图像都应被感知为一个对象，而每一个对象都应被感知为一幅图像。"[2]

《眼与心》中，在思考现代绘画的新颖之处时，梅洛－庞蒂指出图像不再被视为或多或少类似于其原型的"转印，复制品和第二等的事物"[3]，因为产生这种作为复制品的图像的视觉必然脱离了我们与世界的感性关系。

同样地，在其同时期未完成的书稿《可见的与不可见的》中，梅洛－庞蒂也认为身体经验是从肉身（la chair）的关系性视域中生成的[4]。因此，他主张视

1 A. Bazin, «Ontologie de l'image photographique»（1945）, dans *Qu'est-ce que le cinéma?*, Paris, Cerf, 2010, pp. 9-17.

2 A. Bazin, «Ontologie de l'image photographique»（1945）, dans *Qu'est-ce que le cinéma?*, Paris, Cerf, 2010, p. 16.

3 M. Merleau-Ponty, *L'œil et l'esprit*, Paris, Gallimard, p. 23.

4 这正是雷诺·巴巴拉斯在做出以下判断时似乎未曾注意到的："与胡塞尔一样，梅洛－庞蒂试图在一个主体的两极性（经验的 / 先验的）没有受到根本质疑的基础上建构这种关系，而不是在知觉关系的基础上对主体进行追问。与胡塞尔相比，唯一的进步在于他从具身主体而非纯粹的先验主体出发。"参见 R. Barbaras, *Vie et intentionnalité. Recherches phénoménologiques*, Paris, Vrin, 2003, p. 156.

觉的诞生发生在这个视域的“中心”（au cœur），而不是简单地从身体内部向外观看：“我们周围的可见者（visible）似乎建基于自身之上，仿佛我们的视觉是在可见者之中形成的。”[1]

梅洛－庞蒂补充说，之所以视觉在可见者之中形成，是因为可见者同时也是能见者（voyant）。同样是在《可见的与不可见的》中，梅洛－庞蒂明确提到“这种褶子，这种处于可见者中心处的空洞，正是我的视觉”[2]。正是在这种“回折、内陷”[3]中，我们的身体经验得以形成，而这个身体既是可见者又同时是能见者，既是被感知者又同时是感知者。因此，我们能将我们与世界的关系描述为一种莫比乌斯带（ruban de Moebius）[4]，在这种关系中，传统定义里的“内部”和“外部”变成了莫比乌斯带圆环上可以相互转换的正面和反面，而这个圆环就是我们的视觉。

梅洛－庞蒂在《眼与心》中指出的，正是通过这

1　M. Merleau-Ponty，*Le visible et l'invisible*，texte établi par C. Lefort，Paris，Gallimard，1964，p. 173.

2　M. Merleau-Ponty，*Le visible et l'invisible*，texte établi par C. Lefort，Paris，Gallimard，1964，p. 192.

3　M. Merleau-Ponty，*Le visible et l'invisible*，texte établi par C. Lefort，Paris，Gallimard，1964，p. 199.

4　M. Merleau-Ponty，*Le visible et l'invisible*，texte établi par C. Lefort，Paris，Gallimard，1964，p. 182.“如果要打比方的话，更恰当的说法是，被感知的身体和感知着的身体就像正面与反面，或者同一段环形路径的两段：一段从上到下，从左到右；另一段从下到上，从右到左。然而，这两段不过是同一个运动的两个阶段。”

个圆环，“我们触及太阳、星星，在同一个时间里我们无处不在，既靠近远处的事物，又靠近近处的事物，并且……能够想象自己身处他处……自由地看向无论处于何地的现实存在，而这种能力仍然借助于视觉，运用我们从视觉中获得的手段”[1]。

考虑到这样的视觉，我们不能再把想象（l'imaginaire）理解为一种代换（remplacement）能力或者一种“现实”（l'actuel）[2]的替代物。想象并不是表达一种简单的缺席或与现实完全不同的东西，它与视觉本身一道从我们与世界之间的感性亲缘性（parenté sensible）中萌发出来，而这种感性亲缘性就是梅洛－庞蒂所说的“肉身”。从这个角度来看，梅洛－庞蒂指出，想象比现实的复制品更接近现实本身，因为想象表达了现实在我们与世界的关系之中引发的共鸣，而这种关系包括感性关系、情感关系和符号关系等多个层面。在《眼与心》中，梅洛－庞蒂还写到，相对于现实领域，绘画图像应当被视为“首次暴露在目光之下的现实的肉质或其肉身的反面”[3]。难道我们不能把这个定义与电影经验联系起来吗？

至少，让－吕克·戈达尔必定认为应当将二者联系起来。事实上，他在1995年上映的电影《戈达尔 /

1 M. Merleau-Ponty，*L'œil et l'esprit*，Paris，Gallimard，pp. 83-84.

2 M. Merleau-Ponty，*L'œil et l'esprit*，Paris，Gallimard，p. 24.

3 M. Merleau-Ponty，*L'œil et l'esprit*，Paris，Gallimard，p. 24.

戈达尔：十二月的自画像》（*JLG/JLG. Autoportrait de décembre*）中，就从梅洛－庞蒂《可见的与不可见的》[1]一书的经典篇章中摘录了几段文字，并将其组合成“句子”（“句子”也是从这部影片改编而来的书的副标题），在此完整引用如下。

天啊
这是一部
从未被拍摄过的电影
啊，你说得对
小姐
这是一部
没人看过的电影
在我的右手触碰事物时
如果我的左手
能够触碰到我的右手
能够感觉到
我的右手正在触碰
那么，为什么
当我触碰别人的手时
不会感觉到
在别人的手中
拥有与我自己的手一样

1　参见 M. Merleau-Ponty，*Le visible et l'invisible*，texte établi par C. Lefort，Paris，Gallimard，1964，p. 185.

能够感知事物的力量呢？

不过，我们很快就会意识到

这个领域

是无限的

如果我们能够

说明肉身

是一个最终的概念

它不是两种物质的联合或复合体

但可以凭借自身被理解

如果有一种可见者与自身的关系

在观看中

贯穿我

构成我

在观看中

这个我未曾创造

但却创造了我的循环

这个可见者向着可见者的缠绕

可以贯穿

并赋予其他身体

与我的身体一样的活力

如果我能理解

这含混是如何在我体内产生的

如果我能理解

那遥远的可见物

如何同时成为

我的风景

那么我更能够理解

在别处

可见物也会向着自身合拢

并且存在着其他的

除了我的风景之外的

风景。[1]

总而言之，正如弗朗切斯科·卡塞蒂在其著作《二十世纪的眼睛》(*L'occhio del Novecento*)[2] 中明确指出的那样，电影这一与现代绘画几乎诞生于同一时期的表达形式，凸显并推动了“人与存在之间关系的转变”，在《眼与心》中，梅洛－庞蒂在现代绘画中看到的正是这种转变[3]。这种转变后的关系，既以一种否定的方式体现在梅洛－庞蒂对模仿现实的拒绝中，也以一种肯定的方式体现在他对于视觉的描述中：“在者对于我们所见者和让我们所见者的这种先行，我们所见者和让我们所见者对于在者的这种先行。”[4]

---

1 J.-L. Godard，*JLG / JLG. Phrases*，Paris，P. O. L.，1996，pp. 69-71. 关于这一点，参见 S. Kristensen，«L'œil et l'esprit de Jean-Luc Godard»，*Chiasmi international*，nouvelle série，12，2010，p. 132 *sq*.

2 参见 F. Casetti，*L'occhio del Novecento. Cinema, esperienza, modernità*，Milano，Bompiani，2005. 特别是在第 255 页，弗朗切斯科·卡塞蒂参考了后期梅洛－庞蒂的思想。我在接下来几页的部分讨论受到了这本书的启发。

3 参见 M. Merleau-Ponty，*L'œil et l'esprit*，Paris，Gallimard，p. 63.

4 M. Merleau-Ponty，*L'œil et l'esprit*，Paris，Gallimard，p. 87.（此处中译参考梅洛－庞蒂著，杨大春译，《眼与心》，商务印书馆 2007 年版，第 88 页。——译者注）

因此，我将集中讨论这个对于视觉奇特而复杂的定义，在我看来这个定义颇具深意。“先行”（précession）一词在法国后结构主义哲学中得到更普遍的使用[1]，而在梅洛－庞蒂已经出版的文本中仅在此一处出现，但我非常感谢埃马纽埃尔·德·圣·奥贝尔为我列出了梅洛－庞蒂未出版手稿中出现该词的所有段落[2]。

梅洛－庞蒂第一次用“先行”这个词是在他读鲁道夫·阿恩海姆（Rudolf Arnheim）《艺术与视知觉：视觉艺术心理学》（*Art and visual perception. A psychology of the creative eye*）时做的读书笔记里，这本书出版于1954年[3]，梅洛－庞蒂大概是在1957年初做的笔记。实际上，阿恩海姆在书里并没有提到这个词。随后从1960年开始，这个词多次出现在梅洛－庞蒂的著作中，最早见于我前面引用的《眼与心》中对于视觉的定义。在此，我们可以肯定的是，梅洛－庞蒂之所以对这个词感兴趣，是因为它描述了相关项之间的时间性关系，而不是“侵

1　让·鲍德里亚（Jean Baudrillard）也将“拟像”（simulacres）界定为“先行的形象”（figures de précession），鲍德里亚写道：“现在是地图先于领土存在——拟像的先行——是地图创造了领土。”参见J. Baudrillard，«La précession des simulacres»，dans *Simulacres et simulations*，Paris，Galilée，1981，p. 10.

2　出现在梅洛－庞蒂未出版手稿中的每一处“先行”，我都标明了卷目、手稿编号和页码，注明法国国家图书馆的编号，并在必要时附上梅洛－庞蒂自己给出的编号。关于编码规则，参见E. de Saint Aubert，*Du lien des êtres aux éléments de l'être: Merleau-Ponty au tournant des années 1945-1951*，Paris，Vrin，2004，«Note technique et bibliographique»，pp. 9-10.

3　R. Arnheim，*Art and visual perception*，Berkeley，The University of California Press，1954. 关于梅洛－庞蒂在未刊稿中对于“先行”的这一次使用，参见B. N.，volume XXI，NL-Arnh［53］（50）.

入”（enjambement）以及“侵越”（empiètement）所暗示的空间性关系。在《眼与心》的初稿里面，梅洛－庞蒂一开始也并列写了这些词，但后来用“先行”代替了它们。[1]

不过，梅洛－庞蒂用“先行”这个术语不仅仅是因为相较于空间性关系他更偏爱时间性关系。实际上,“先行”这个词描述的时间性关系非常特殊，以相关项之间的“先行化运动”（mouvement d’antécédence）为特征，就像在岁差（précession des équinoxes）现象中，每年的春分和秋分都会比前一年提前 20 分钟。

梅洛－庞蒂对这种特殊时间性关系的偏爱在他于 1960 年 11 月至 1961 年 5 月准备的《可见的与不可见的》“大纲”手稿中体现得更加明显。我们首先在 1960 年秋天的一条注释中看到“先行”一词：“循环与先行：能见与可见，沉默与言语，自我与他者。”[2]

但在随后的注释中，梅洛－庞蒂对这一说法进行了明显的修正：“循环，但更确切地说是先行：能见与可见，沉默与言语，自我与他者。”[3]

在“大纲”手稿的同一页，梅洛－庞蒂借助另一个天文学表达来解释“先行”一词的含义：“一个星体围绕着另一个星体运动时的引力作用。”这一表达虽然是空间性的，但也说明了两个事物之间的相互关系

1 参见 B. N.，volume V，OE-ms［36］v（53）et［94］（42）.
2 B. N.，volume VII，NLVI à f3［186］.
3 B. N.，volume VII，NLVI à f3［181］.

（relation réciproque）。

而《眼与心》中的表述，则更明确地指出了这一关系中，两个相关项之间在时间上互为先导的相互性。梅洛－庞蒂进一步说明："在者对于我们所见者和让我们所见者的这种先行，我们所见者和让我们所见者对于在者的这种先行，乃是视觉本身。"正是由于这种互为先导的关系，梅洛－庞蒂才使用"先行"一词来描述"在者"与"我们所见者和让我们所见者"之间的相互关系，这种关系在他看来正好定义了视觉。总之，梅洛－庞蒂所定义的"先行"只能是相互的：目光先行于事物，就像事物先行于目光；想象先行于"现实"（因为想象引导和激发了我们的目光，使我们看到现实），就像"现实"先行于想象。在这种情况下，两个事物之间何者在先变得不再确定。换句话说，我们再也无法断定，哪一个是首要的事物，哪一个是"第二等的事物"（借用梅洛－庞蒂的表达）。这也让我们不需要在运动和运动的物体之间做一个"逻辑性区分"（此处借用的是巴赞的表述）[1]。事实上，相互先行的观点让我们得以摒弃关于

1　梅洛－庞蒂对视觉的定义能被视为晚期梅洛－庞蒂与巴赞之间展开理论对话的关键点，这并非偶然。皮耶特罗·蒙塔尼因此写道："事实是，巴赞与梅洛－庞蒂一样，是一位现象学家，他洞察到了想象的本体论意义——图像从'流'与'回流'中涌现，经由视觉上这种来回往返的运动构成，从事物到形式，再从形式回到事物，从视觉材料到意义，再从意义回到视觉材料。"（P. Montani，*L'immaginazione narrativa. Il racconto del cinema oltre i confini dello spazio letterario*，Milano，Guerini e Associati，1999，p. 74.）

在时空中存在某个在先之物的想法（甚至是关于先于时空的某物的想法）。这个观点也揭示了我们在思考现实时，将现实视为绝对首要之物的看法仍然带有形而上学色彩，因此我们需要重新审视这种看法。

让我们顺着这个观点继续思考。这种相互的先行显然是一种逆行运动，它在时间中挖掘出一种非常特殊的深度（profondeur）。关于这一点，梅洛－庞蒂在《眼与心》中提到了“可见者那古老得无法追忆的深处”[1]。我相信我们就应该在这个意义上思考这种时间性深度。1960 年 4 月，梅洛－庞蒂在《可见的与不可见的》一则工作笔记中再次提到普鲁斯特的《追忆似水年华》，他写道：“弗洛伊德将无意识和过去视为‘不可摧毁的’以及‘非时间性的’，这消除了把时间当成‘经验之序列’的惯用理解。其实在时间之中，过去发挥着建构性的作用。例如在普鲁斯特笔下，真正的山楂树是那些过去的山楂树……这个‘过去’是一种神话（mythique）时间，是一种时间之前的时间，是一种前世的时间，‘它比印度和中国还要遥远’。”[2]

另外，在《可见的与不可见的》手稿中，梅洛－庞蒂已经解释说，在这种“神话时间”里，“‘最初的’

1　M. Merleau-Ponty，*L'œil et l'esprit*，Paris，Gallimard，p. 86.

2　M. Merleau-Ponty，*Le visible et l'invisible*，texte établi par C. Lefort，Paris，Gallimard，1964，p. 296.

一些事件持续发挥作用”。[1] 在我看来，这正是“在者对于我们所见者和让我们所见者的这种先行，我们所见者和让我们所见者对于在者的这种先行”在神话时间中挖掘和建构出的深度。事实上，因为这种先行是无限互逆的，所以它不可能把我们带回到一个时间轴上，相反，它只能将我们带回到一个从未曾存在的过去，即属于“神话时间”的过去中。这是一种“古老得无法追忆的”特殊时间，在我们的无意识中发挥作用，从上文引用的段落中，我们可以看到它不可摧毁，迪迪－于贝尔曼（Didi-Huberman）所说的“记忆事件的不可摧毁、变形以及错时”也说明了这种时间性的特征[2]，因此它也关联着普鲁斯特提到的“非自主记忆”（mémoire involontaire）。换句话说，这是一种特殊的时间性，在这种时间性中，我们的生命经验通过某种“主动的遗忘”（oubli actif）[3] 被非自主地建构为“肉身化本质”（essences charnelles）[4] 或“感性理念”（idées sensibles）[5]。后者通过柏格森所说的“真理的逆行运动”，顺着这种

1　M. Merleau-Ponty，*Le visible et l'invisible*，texte établi par C. Lefort，Paris，Gallimard，1964，p. 43.

2　参见 G. Didi-Huberman，*Devant le temps, Histoire de l'art et anachronisme des images*，Paris，Minuit，2000，pp. 239-240.

3　M. Merleau-Ponty，*Notes des cours au Collège de France 1958-1959 et 1960-1961*，texte établi par S. Ménasé，«Préface» de C. Lefort，Paris，Gallimard，1996，p. 115.

4　M. Merleau-Ponty，*L'œil et l'esprit*，Paris，Gallimard，p. 35.

5　参见 M. Merleau-Ponty，*Le visible et l'invisible*，texte établi par C. Lefort，Paris，Gallimard，1964，pp. 196-198.

特殊的时间性沉淀下来，并作为过去始终发挥着建构性的作用。正如我在其他地方说过的那样[1]，神话时间是一种特殊时间，其中运作着梅洛－庞蒂所说的“感性理念”。“感性理念”这个说法不仅意味着理念与其感性形象（如视觉图像、文字表达或音乐呈现）[2]密不可分，而且更重要的是，理念借由这些感性形象而逐渐确立自身，这些感性形象就是理念的背景以及深度。因此，这些感性形象和理念一样处于神话时间之中。

正如《眼与心》中所说的那样：“《恶心》（*Nausée*）中谈到一位死去多年的君主的微笑，它能够继续、反复出现在画布的表面上，说这种微笑以形象或以本质的方式出现在那儿是远远不够的：我一注视画面[3]，它就以它具有的最生动的方式出现在上面。塞尚想要画出的已经过去了很久的‘世界的瞬间’，他的画布还在继续投向我们；他的‘圣·维克多山’（*montagne Sainte-Victoire*）从头到尾以不同于埃克斯的坚硬岩石的方式产生自、再生自世界，但它在力量方面却丝毫不逊于它。”[4]

1　参见 M. Carbone，*Proust et les idées sensibles*，Paris，Vrin，2008.

2　“相反，在这里，没有屏幕就没有视觉：如果我们没有身体和感觉，我们所谈论的这些理念也不会被我们更好地理解，反而是我们将无法触及它们。”（M. Merleau-Ponty，*Le visible et l'invisible*，texte établi par C. Lefort，Paris，Gallimard，1964，p. 196.）

3　这个微笑能够继续、反复出现在画布的表面上，它既是感性形象，又是本质，用梅洛－庞蒂随后说的话来形容，这个微笑就是作为“肉身化本质”浮现出来的。

4　M. Merleau-Ponty，*L'œil et l'esprit*，Paris，Gallimard，p. 35.（此处中译参考梅洛－庞蒂著，杨大春译，《眼与心》，商务印书馆 2007 年版，第 49 页。——译者注）

如我们所见，虽然梅洛－庞蒂后期对电影的直接论述主要集中在运动问题上，但在我看来，梅洛－庞蒂所讨论的神话时间（特别集中在他对普鲁斯特《追忆似水年华》的反思中），正是在电影图像中发挥作用的时间。没有这种时间，电影就无法成为 20 世纪最强大的神话体系之一，以及最受欢迎的精神分析场所。更普遍地说，梅洛－庞蒂在《眼与心》中所定义的视觉，成功刻画了 20 世纪艺术经验逐步赋予图像的地位[1]，即图像成为前述的相互先行的形象（figures de précession réciproque），而不再是简单的指涉性形象（figures de renvoi）。

而且比起 20 世纪其他艺术表达形式，电影尤为明显地展示了这一点，用梅洛－庞蒂的话说，电影“足以质疑现实与想象之间的区分”[2]。从这个角度来看，“这像是一部电影”以及“这看起来很真实”这样相互先行（précession réciproque）的表述显得意味深长。同样，电影让我们感受到梅洛－庞蒂在描述绘画时所说的那种悖论式体验：“我很难说出我正在看的画在哪里。因为我并不是像观察

1　我们也可以将这种定义与现代画家的斗争联系起来考虑，现代画家在作画之前努力将绘画从那些禁锢它的“陈词滥调”中解放出来。D. H. 劳伦斯在讨论塞尚时提到了这种斗争（D. H. Lawrence，«Introduction to these Paintings»（1929），trad. fr. C. Malroux，dans D. H. Lawrence，*La beauté malade*，Paris，Allia，1993，p. 9 *sq.*），德勒兹在《弗兰西斯·培根：意义的逻辑》中引用了这一文本，以强调画家的工作并不在于空白画布上“再现一个外部对象”（G. Deleuze，*Francis Bacon. Logique de la sensation*，Paris，La Différence，1981，volume I，p. 57）。

2　M. Merleau-Ponty，*Résumés de cours. Collège de France (1952-1960)*，Paris，Gallimard，1982，p. 69.

一件物品那样观看它，我并不将它固定在一个位置……我更像是按照或通过这幅画来看，而不是在看这幅画。”[1]

因此，如果图像不是“第二等的事物”，正是因为它与“在者”之间存在这种相互先行的关系。反过来说，正是通过这种相互先行的关系，我们“按照或通过”图像来观看。[2]电影让我们清晰地体验到这种联系，但根据这些联系的内涵和影响所进行的哲学思考才刚刚开始。

几点思考：萨特、梅洛–庞蒂、德勒兹与“电影–哲学”

在深入考察萨特、梅洛－庞蒂以及德勒兹有关电影的思考后，我们不出所料地发现了能将这几位思想家串

1 M. Merleau-Ponty，*L'œil et l'esprit*，Paris，Gallimard，p. 23. 至于德勒兹，正如人们所知，他认为从意大利新现实主义开始，“我们确实陷入了一种不确定性、不可分辨性的原则：在情境中，我们不再知道什么是想象的，什么是真实的，什么是物质的，什么是精神的，这并不是因为我们混淆了它们，而是因为我们不必知道这一点，甚至不再需要提出这个问题。就好像现实与想象围绕着一个不可分辨的点互相追逐，互相映照”（G. Deleuze，*Cinéma 2. L'image-temps*，Paris，Minuit，1985，p. 15.）。50 页后，德勒兹在讨论现实与想象之间的关系时补充道：“我们无法说哪个是首要的。”（G. Deleuze，*Cinéma 2. L'image-temps*，Paris，Minuit，1985，pp. 64-65.）关于从电影视角出发分析德勒兹与梅洛－庞蒂对图像的反思，参见 O. Fahle，«La visibilité du monde. Deleuze，Merleau-Ponty et le cinéma»，dans A. Beaulieu（éd.），*Gilles Deleuze. Héritage philosophique*，Paris，P. U. F.，2005，pp. 123-143.

2 这种相互先行的关系也有助于我们理解梅洛－庞蒂在何种意义上把“按照”（selon）和“通过”（avec）当成同义词来使用，即使严格说来二者并不是同义词。从词源上来说，“按照”（selon）指“遵循，根据”，暗示了一个在先的主动者，以及参考在先者的另一事物，换句话说，“按照”（selon）一词再次在一个先行的事物和一个后续的事物之间进行区分，而介词“通过”（avec）则旨在避免这种区分，同时避免在主动性和被动性之间进行区分。

联起来的一些要素。

在《电影 1：运动 – 影像》的前言中，德勒兹指出："伟大的电影创作者不仅可以比拟于画家、建筑师和音乐家，还可以比肩于思想家。"[1] 这个表述有点奇怪，因为它似乎在暗示说，与电影导演相比，将画家、建筑师、音乐家比拟于思想家，反而是不那么显而易见的。诚然，德勒兹强调电影创作者的思想具有独特性，与电影表达密不可分。但是，类似的表述也适用于其他形式的艺术探索，因为每一种艺术探索都有其独有的表达方式，这种表达方式也就是它自身的思考方式。

事实上，我们知道，萨特在电影表达中看到了"一种在其起源状态中的象征主义"在发挥作用，梅洛 – 庞蒂则在其中看到了"处在萌芽状态的"理念，就像康德所说的审美理念（它也具有一种象征性价值[2]）。两人都努力强调电影表达的新颖性[3]。随后德勒兹通过谈论"运

1 G. Deleuze，*Cinéma 1. L'image-mouvement*，Paris，Minuit，1983，p. 7.

2 I. Kant，*Critique de la faculté de juger*（1790），trad. fr. A. Philonenko，Paris，Vrin，1993，§ 49，p. 213. 关于这个问题，我们一方面需要回顾康德的观点，即审美理念以"象征性"的方式起作用，也就是以间接和类比的方式起作用（§ 59，p. 263）；另一方面，萨特在《为电影辩护》中声称，在电影的思维方式中，"是一种在其起源状态中的自然的象征主义"在起作用（J.-P. Sartre，«Apologie pour le cinéma»，dans *Écrits de jeunesse*，éd. M. Contat，M. Rybalka，Paris，Gallimard，1990，p. 394）。

3 对萨特来说，电影"更新了象征"（J.-P. Sartre，«Apologie pour le cinéma»，dans *Écrits de jeunesse*，éd. M. Contat，M. Rybalka，Paris，Gallimard，1990，p. 394.）；而对梅洛 – 庞蒂来说，电影发现了"一种新的方式来象征思想"（M. Merleau-Ponty，*Résumés de cours. Collège de France (1952-1960)*，Paris，Gallimard，1982，p. 20.）。

动 – 影像”（描述了一种影像的象征性价值在某个阶段发挥显著作用的电影[1]）和“时间 – 影像”进一步确证了这种创新性。显而易见，这三位思想家都避免使用“概念”（concept）[2]一词。

此外必须指出，在创作收录于《意义与无意义》的那些文章的时期，梅洛 – 庞蒂在电影中（就像在塞尚的绘画中一样）似乎发现了与现象学哲学探索相契合的艺术路径，这与我们所见到的年轻的萨特以及创作两部电影研究专著的德勒兹对柏格森哲学的态度并无不同。总之，我们从中可以看到，此时梅洛 – 庞蒂并没有专注于电影本身体现的“根本性的思想”，而是强调电影的创新性与他所讨论的哲学之间的历史性契合。

然而值得注意的是，梅洛 – 庞蒂的态度似乎在他思想发展的最后阶段发生了变化，我们看到这个阶段的他

1　G. Deleuze，*Cinéma 1. L'image-mouvement*，Paris，Minuit，1983，pp. 248-249. 德勒兹写道：“标志动作 – 影像的基本二元性似乎正在走向一个更高的要求，即能转化影像及其元素的‘第三性’。不妨举一个借自康德的例子：军阀国家可以直接表现在一些动作中，如奴役性结构和工作机制；但‘人力磨坊’是这种国家缩影的间接形象。爱森斯坦在执导《罢工》中的手法如出一辙：沙皇国家直接体现在枪杀示威者的动作上，而‘屠宰场’则是反射这个国家、影射这种动作的间接形象。”（此处中译参考吉尔·德勒兹著，谢强、马月译，《电影 1：运动 – 影像》，湖南美术出版社 2016 年版，第 287-288 页。——译者注）

2　关于德勒兹对此的讨论，参见 G. Deleuze，*Cinéma 1. L'image-mouvement*，Paris，Minuit，1983，pp. 7-8. 另外也参见 G. Deleuze，«Qu'est-ce que l'acte de création?»（1987），dans *Deux régimes de fous. Textes et entretiens 1975-1995*，éd. D. Lapoujade，Paris，Minuit，2003，pp. 291-302.

直接使用“根本性的思想”[1]这个表述。此时他关注的就是这种特殊类型的思想，即那些通常被认为是在“非哲学”领域（如文学、绘画和电影）发挥作用的思想，他认为这些领域呈现了一种“自发的哲学”[2]，而他则致力于阐明它，以更好地摆脱他所说的“陷入危机的官方哲学”[3]。

正是在这一点上，其态度转变的原因清晰地表现了出来：与第二次世界大战刚刚结束的时期不同，在20世纪60年代初期，研究者们汇聚力量，集中探讨“人与存在之间关系的转变”，而在梅洛－庞蒂看来，此时哲学因故步自封于旧的思想框架，已经失去其地位，陷入了一种根本性的“滞后”[4]。这也是为什么他甚至造出了“非－哲学”（a-philosophie）[5]一词，以避免传统的形而上学二元论，这种二元论将哲学与非哲学分离和对立起来，而梅洛－庞蒂则致力于构建一种独特的思想和

1 M. Merleau-Ponty，*Notes des cours au Collège de France 1958-1959 et 1960-1961*，texte établi par S. Ménasé，«Préface» de C. Lefort，Paris，Gallimard，1996，p. 391.“根本性的思想”一词在这里就是指一种“自发性的哲学”或“未被思考的思想”，在其中发挥作用的正是人与存在间的一种关系，而这种关系尚未真正被严格的哲学思维所思考。

2 M. Merleau-Ponty，*Notes des cours au Collège de France 1958-1959 et 1960-1961*，texte établi par S. Ménasé，«Préface» de C. Lefort，Paris，Gallimard，1996，p. 391.

3 M. Merleau-Ponty，*Notes des cours au Collège de France 1958-1959 et 1960-1961*，texte établi par S. Ménasé，«Préface» de C. Lefort，Paris，Gallimard，1996，p. 391.

4 M. Merleau-Ponty，*Notes des cours au Collège de France 1958-1959 et 1960-1961*，texte établi par S. Ménasé，«Préface» de C. Lefort，Paris，Gallimard，1996，p. 163.

5 M. Merleau-Ponty，*Notes des cours au Collège de France 1958-1959 et 1960-1961*，texte établi par S. Ménasé，«Préface» de C. Lefort，Paris，Gallimard，1996，p. 275.

表达风格，这种风格深谙“无概念”[1]（sans concept）的经验知识的实际效力：这种无概念的经验与知识不仅沉淀在某些语言中，也同样沉淀在某些图像之中。因此，梅洛－庞蒂关于这些语言的论述同样适用于这些图像："最富有哲学意义的语言不一定是那些囿于所言之物的语言，而是那些最有力地朝着存在敞开的语言，因为它们更紧密地传达了整体生命，让我们的常规观念震动甚至破碎。”[2]

正是顺着这种“非－哲学”的研究方向，梅洛－庞蒂对康德“审美理念”非概念特性（la nature a-conceptuelle）的兴趣（我们在讨论电影表达的特点时已经说过这一点），引导他借用康德所说的“无概念”对普鲁斯特的“感性理念”[3]进行理论阐释。他认为，这种理念的凝聚力并非因为它们“囿于所言之物”，而是因为它们具有“无概念的凝聚力，这与我身体各部分的凝聚力，或我身体与世界的凝聚力属于同一类型”[4]。

在提到的《追忆似水年华（1）：在斯万家那边》篇

1　在梅洛－庞蒂最后一个阶段的写作中，康德所说的“无概念”至少出现三次，参见 M. Merleau-Ponty，*L'œil et l'esprit*，Paris，Gallimard，p. 43，p. 71. M. Merleau-Ponty，*Le visible et l'invisible*，texte établi par C. Lefort，Paris，Gallimard，1964，p. 199.

2　M. Merleau-Ponty，*Le visible et l'invisible*，texte établi par C. Lefort，Paris，Gallimard，1964，p. 139.

3　参见 M. Carbone，*Proust et les idées sensibles*，Paris，Vrin，2008.

4　M. Merleau-Ponty，*Le visible et l'invisible*，texte établi par C. Lefort，Paris，Gallimard，1964，p. 199.

章中，梅洛－庞蒂认为普鲁斯特描述了一种不能被简化为概念的理念秩序，就像康德的“审美理念”一样，是知性本身无法把握的理念，是“无知性之光的”[1]。事实上，梅洛－庞蒂坚持认为“它们在本质上就被‘笼罩在黑暗中’”[2]，无法被“提升成第二种实证性”[3]（正是实证性使得概念能够囊括它们所表达的内容），因为我们不能“无遮蔽地看到这些理念”[4]，而正是这些遮蔽使得它们光芒四射。

更普遍地说，这是一种我们只能在其某种感性表现形式中遇到并感知到的理念。想要认识这种理念，就必须切实地体验它们，必须通过某种“屏幕”或“面纱”（梅洛－庞蒂没有区分这两个词）遇见它们，这里提到的“屏幕”或“面纱”当然是比喻性的，因为在聆听一首乐曲或阅读一部文学作品时，我们必须经由某种中介性表面才能抵达理念的彼岸。在任何情况下，这种中介性质的表面对于这种无概念的思想都至关重要。

在电影方面，梅洛－庞蒂的“非－哲学”研究方向似乎特别关联于安德烈·巴赞的思考，因为在这些

1 M. Merleau-Ponty，*Notes des cours au Collège de France 1958-1959 et 1960-1961*，texte établi par S. Ménasé，«Préface» de C. Lefort，Paris，Gallimard，1996，p. 194.

2 M. Merleau-Ponty，*Le visible et l'invisible*，texte établi par C. Lefort，Paris，Gallimard，1964，p. 197.

3 M. Merleau-Ponty，*Le visible et l'invisible*，texte établi par C. Lefort，Paris，Gallimard，1964，p. 196.

4 M. Merleau-Ponty，*Le visible et l'invisible*，texte établi par C. Lefort，Paris，Gallimard，1964，p. 197.

研究里巴赞是他唯一提到过的名字。鉴于此，我们可以确定，梅洛－庞蒂在其最后的创作阶段中，试图从安德烈·巴赞等人思想中“隐含的哲学”（philosophie implicite）汲取养分，发展自己的思想。[1]

或许我们可以说，德勒兹在《电影2：时间－影像》开头处有类似的思考，他重新审视并进一步阐发了巴赞关于意大利新现实主义的观点和评论[2]。此外，在一次“论时间－影像”的访谈中，德勒兹也指出，在某些关于电影的批评反思中，我们可以发现一种“自发的哲学”：“无论如何，至少最伟大的电影评论家们一旦提出了一种电影美学，就成了哲学家。他们不是通过专业训练成为哲学家的，而是在这个过程中成了哲学家。这就是巴赞的经历。”[3]

尽管存在这个相似点，但需要注意，德勒兹关于哲学与电影关系的思考似乎朝着与梅洛－庞蒂思想演进相反的方向发展。梅洛－庞蒂最后致力于这样一项工作，这项工作与德勒兹在《差异与重复》一书的前言结尾处对当今哲学的要求相似，即“寻找新的哲学表达方式”

1 从什么意义上可以说某些影评人的作品是由我迄今为止试图描述的“无概念的思想”所激发的呢？就像德勒兹与戈达尔争论的那样：“戈达尔喜欢强调，当未来的新浪潮导演写作时，他们不会写关于电影的东西，不会做理论，这就是他们制作电影的方式。”参见 G. Deleuze，*Cinéma 2. L'image-temps*，Paris，Minuit，1985，p. 365.

2 G. Deleuze，*Cinéma 2. L'image-temps*，Paris，Minuit，1985，p. 7.

3 G. Deleuze，«Sur L'image-temps»（1985），dans *Pourparlers: 1972-1990*，Paris，Minuit，1990，p. 82.

（在本书开头我们已经引用过这段话）。

然而，在《差异与重复》一书出版 15 年后，德勒兹在《电影 1：运动 – 影像》的前言中指出："伟大的电影创作者借助运动 – 影像以及时间 – 影像思考，而不是借助概念思考。"[1] 此处他又倾向于把哲学当成一种概念性的知识。这种倾向在《电影 2：时间 – 影像》[2] 的最后几页中得到了充分确认。的确，德勒兹在书中强调，应当将"哲学理论"理解成"有关概念的实践"；他也指出"电影理论并不关乎电影，而只关乎有关电影的概念"。然而，他同时也断言"伟大的电影创作者能充分地谈论他们的作品"，这是一种颇具争议的说法[3]，因为他忽略了关于"作者不知情"的解释学原则。更具争议的是，尽管他曾经告诉我们"伟大的电影创作者借助运动 – 影像以及时间 – 影像思考"，但是他也暗示这些人通过概念进行创作，而这些"有关电影的概念"将成为哲学（作为有关概念的实践）的研究对象[4]，就像在传统哲学中那样。

那么，我们不禁要问："电影 – 哲学"究竟是什么？

---

1 G. Deleuze，*Cinéma 1. L'image-mouvement*，Paris，Minuit，1983，pp. 7-8.

2 G. Deleuze，*Cinéma 2. L'image-temps*，Paris，Minuit，1985，pp. 365-366.

3 随后德勒兹更愿意这样说："唯一能够真正思考电影的人，是电影导演、电影评论家，或者是那些热爱电影的人。"参见 G. Deleuze，«Qu'est-ce que l'acte de création?»（1987），dans *Deux régimes de fous. Textes et entretiens 1975-1995*，éd. D. Lapoujade，Paris，Minuit，2003，p. 292.

4 "哲学理论并不比它的对象更加抽象。"参见 G. Deleuze，*Cinéma 2. L'image-temps*，Paris，Minuit，1985，p. 365.

这中间的符号究竟是什么意思？如果我们忽略了这个符号所表达的理论目标，即创造“一种电影－哲学”，难道不会有重蹈覆辙即再次写出类似过去那种哲学书籍的风险吗？借用德勒兹的话说，这样的书籍并不关乎电影，而只是把“有关电影的概念”当作对象。

为了避免这样的危险，必须将德勒兹在20世纪60年代对于“哲学”以及“概念”进行的反思彻底化。[1] 这就意味着我们必须梳理“概念”这个说法本身的历史。现代我们对于“概念”一词的理解是基于德语中的对应词Begriff，这个词的词根与“抓住”（greifen）的动作相关。另外，我们也能在这个概念中看到从柏拉图开始的对于“理念”（Idée）的抽象化过程，这个过程包含本质与存在、理性与感性、普遍与特殊的分离与对立。这种思维方式被称为柏拉图主义，它一直主导着西方文化。另外，这个对于理念的抽象化过程同时也是对于它的实体化过程，即将理念变成一种实在的对象，这种理想化的对象可以被把握住，就像“概念”的德语词根所暗示的那样。这些特点体现在哲学试图定义的我们经验的每个领域，比如电影的（概念）领域。

总之，为了避免这种风险，应当彻底完成德勒兹“颠覆柏拉图主义”（renverser le platonisme）的计划，

1　关于这一点，请参见我的文章：«Mais quelle “création de concepts” ?», dans M. Carbone，P. Broggi et L. Turarbek（éd.），*La Géophilosophie de Gilles Deleuze entre esthétiques et politiques*，Paris，Mimesis France，2012，pp. 17-25.

这也是他 1967 年一篇著名文章的标题，后来作为附录收录于《意义的逻辑》[1] 中。《意义的逻辑》出版于 1969 年，正是在这本书“意大利语版笔记”中，德勒兹提出了“电影－哲学”的说法。然而，在 20 世纪 80 年代上半期，当德勒兹写了两本有关电影的专著时，他的研究似乎不再打算质疑哲学作为研究概念的学问的身份，这最终也使得“什么是电影－哲学”的问题悬而未决。或许正是因为这种理论视野的改变，斯拉沃热·齐泽克（Slavoj Žižek）对德勒兹有关电影的思考进行了隐含的批评，即德勒兹未能充分理解阿尔弗雷德·希区柯克在哲学上的重要性[2]。梅洛－庞蒂可能会说希区柯克的电影是他“自发的哲学”。齐泽克则批评德勒兹没有看到“希区柯克的电影《眩晕》（*Sueurs Froides*）在某种意义上就是彻底的反柏拉图主义电影，是对于柏拉图哲学方案系统而实际的攻击，就像德勒兹在《意义的逻辑》附录中所说的那样”[3]。简言之，德勒兹没有看到希区柯克的电影，特别是《眩晕》，可以有效地推动他在 15 年前所提倡的颠覆柏拉图主义的努力。在《电影 2：时间－

1　参见 G. Deleuze，«Renverser le platonisme»，*Revue de Métaphysique et de Morale*，n° 4，1967，réédité sous le titre «Platon et le simulacre»，dans *Logique du sens*，Paris，Minuit，1969，pp. 292-307.

2　参见 G. Deleuze，*Cinéma 1. L'image-mouvement*，Paris，Minuit，1983，chapitre XII，p. 269 *sq*.

3　S. Žižek，*Organes sans corps: Deleuze et conséquences*（2004），trad. fr.（modifiée）de C. Jaquet，Paris，Amsterdam，2008，p. 190.《眩晕》这部电影的原名为 *Vertigo*，于 1958 年在美国上映。

影像》的结论中，德勒兹表现出重返传统哲学方案的倾向，这种哲学自视为思考其对象的主体，他写道："电影本身是一种新的影像和符号实践，而哲学必须将其理论化。"[1] 啊，多么陈旧的思考风格……

1 G. Deleuze，*Cinéma 2. L'image-temps*，Paris，Minuit，1985，p. 366.

第三章 撕裂的帷幕：利奥塔、屏幕和名为欲望的电影

对于屏幕的本体论复兴

在梅洛－庞蒂对电影的反思中，我们首先看到他对于“显现”（l'apparaître，现象学之名由此而来）的系统性关注，这与他看重“整体”（l'ensemble，格式塔理论由此确认知觉现象具有不可分割的特性）的看重相互结合、相互滋养。一方面，这让我们把知觉理解为依据我们身体与世界交融的逻辑而进行的蒙太奇式操作；另一方面，这也让我们能进一步深入地批判将真理置于显现之外的形而上学思想。这样的批判使得梅洛－庞蒂在晚期试图构想一种区别于传统的真理显现方式，这种传统将显现物的虚假阴影与真理散发出的纯粹光辉对立起来，就像柏拉图在洞穴寓言中所说的那样。与此不同，梅洛－庞蒂的构想立足于光线与阴影间最根本的互补关系，他写道：“一种关于光线的新观念：真理本身就是模棱两可的……这种模糊性并不是要从真实光线中排除出去的阴影。”[1]

显而易见，这意味着对于显现之表面的本体论复

1 M. Merleau-Ponty，*Notes des cours au Collège de France 1958-1959 et 1960-1961*，texte établi par S. Ménasé，«Préface» de C. Lefort，Paris，Gallimard，1996，p. 305.

兴，这种表面不应该再被视为遮蔽纯粹真理之光、仿佛应该被揭开或者刺破的面纱，应当被视为经验真理得以呈现的决定性条件，就像格式塔理论中的图形背景关系，以及对于频闪运动的知觉[1]那样，而这样的真理具有本质上的模糊性。

不过需要强调的是，在梅洛－庞蒂思考对于屏幕的本体论复兴时，有至少两个重要方面还不够清楚。正如我在上一章的最后提到的，第一个方面在于他会交替使用“屏幕”和“面纱”这两个术语（我们曾见过他在谈论能够使某些理念可见的感性面纱时，说到“没有屏幕就没有视觉”[2]）。由此可见，他倾向于将屏幕和面纱的展示功能等同起来，而没有区分它们的差别，即没有将其明确区分为完全或部分不透明的表面，而不透明程度实际上决定了它们相对于光源和观众的位置[3]。第二个方面在于他是否认为“屏幕”和“面纱”的展示功能具有历史性。梅洛－庞蒂有时确实提到了这种历史性，特别是在讨论电影的兴起时，但在其他时候，他又弱化了这种历史性，例如

---

1 在之前讨论的为 1953 年课程准备的笔记中，梅洛－庞蒂强调，这两个现象是“同一类别的”。参见 M. Merleau-Ponty，*Le monde sensible et le monde de l’expression: Cours au Collège de France. Notes*，*1953*，Genève，MētisPresses，2011，p. 96. 在本书的第 95 页，他写道：“运动的概念 = 类似于在背景上对图形的把握。”

2 M. Merleau-Ponty，*Le visible et l’invisible*，texte établi par C. Lefort，Paris，Gallimard，1964，p. 196.

3 梅洛－庞蒂在《可见的与不可见的》中写到，感性理念“在感性之物的后方或者在其中心”。参见 M. Merleau-Ponty，*Le visible et l’invisible*，texte établi par C. Lefort，Paris，Gallimard，1964，p. 197.

在解释普鲁斯特“感性理念”时，他强调面纱的重要性，但他是从更普遍的角度说的，而没有强调其历史性维度。

尽管有这些不够清晰的方面，但梅洛－庞蒂很明显是在对中介性表面（la surface de médiation）进行本体论上的复兴，以此发展出一种不同的方式来思考真理的呈现：真理呈现从戏剧模式（通过揭开帷幕来发现真理，这种真理是再现式的）转变为电影模式。这种转变也决定了必须发展先前提到的“电影－哲学”。

对于这样一种屏幕的本体论复兴意味着我们承认屏幕或面纱是视觉得以可能的条件，也意味着我们要有一种“关于光线的新观念”，这种光线与阴影密不可分。因为只有这样一种屏幕，才能让我们看到光线与阴影的共同显现以及相互呈现。

顺着这个思路，梅洛－庞蒂抛弃了“再现”的观念而转向对于“视觉”的探索，而正是从“视觉”问题出发，从 20 世纪 70 年代开始，让－弗朗索瓦·利奥塔的思考逐渐告别了其诞生的源头（现象学），特别是梅洛－庞蒂所“本地化”（acclimatation）[1] 的现象学。利奥塔是在 1971 年出版的《话语，图形》（*Discours, figure*）[2]

---

1 “本地化”这个词，我是引用 M. Dufrenne，*Phénoménologie de l'expérience esthétique*（1953），Paris，P. U. F.，1967，2 volumes.，vol. 1，*L'objet esthétique*，pp. 4-5，note 1. 他在这里写道：“我们可以看到，我们并没有拘泥于胡塞尔的原意。我们所理解的现象学，是萨特和梅洛－庞蒂在法国对它‘本体化’后的现象学，它旨在描述一种本质，这种本质被定义为内在于现象的意义，和现象一同被给出。”

2 J.-F. Lyotard，*Discours, figure*，Paris，Klincksieck，1971.

中解释了他为何告别现象学，这本书是在其博士论文的基础上发展出来的。

站在欲望的立场上

《话语，图形》一书导论的标题就是“站在图形因素的立场上”（«le parti pris du figural»）。我们已经看到，梅洛－庞蒂借助“图形”这个概念来说明知觉的内在特征。当利奥塔使用这个词来指称可见性领域时，他也延续着梅洛－庞蒂的想法，认为这个领域只有在同“可见的”与“不可见的”二者双重交织（chiasme）的关系中才能呈现出来[1]。他解释说，这样一个领域无疑构成了“话语”之中的“图形”，而且这种图形拥有其不透明性，无法归结为话语。换句话说，在利奥塔看来，“图形”成为“潜入语言秩序的一种非法的流动性”[2]。他进一步明确指出，这种图形“不仅解构话语，也解构作为可识别图像或良好形式的形象”[3]。随后，他补充道：“在图形之下，是差异，不是无所谓是话语或是图形的单纯痕迹，或单纯的在场－缺失（la présence-absence），而是一种原初的过程，一种无序的原则，以及一种追求享

1　梅洛－庞蒂关于可见的与不可见的之间的交织关系，参见 Vivian Sobchack（薇薇安·索布恰克）的研究，特别是他的文章：Vivian Sobchack，«The Visual and the Visible：Toward a Phenomenology of the Film Experience»，*Stanford Humanities Review 2*，n. 2-3（1992），pp. 109-128.

2　J.-F. Lyotard，*Discours, figure*，Paris，Klincksieck，1971，p. 290.

3　J.-F. Lyotard，*Discours, figure*，Paris，Klincksieck，1971，p. 328.

乐的驱力；它不是在同一个秩序之中区分两个元素的某种间隔，而是秩序与无序之间的绝对失衡。”[1]

由此，我们开始认识到利奥塔与梅洛－庞蒂之间的差异。对梅洛－庞蒂而言，语言“改变了可见世界的结构”[2]，这意味着他将语言视为一种对可见世界的去中心化以及重构。然而，利奥塔则描述了一种“绝对”混乱化的过程，并因此强调话语与图形之间的不可通约性。实际上，在关于图形化的观点中，利奥塔不仅将可见者理解为“可识别图像”——正如我们已经看到的，他认为这种图像本身也可能被颠覆——还将其理解为幻想和幻觉。他认为，“我们在这里触及了现象学解释的极限：通过幻觉，我们超越了感性的领域”[3]。事实上，对利奥塔而言，在图形化过程中发挥作用的并非知觉，而是欲望。

通过这种方式，他将梅洛－庞蒂晚期所探讨的“视觉”概念重新引回（并简化）一个严格（且狭隘）的知觉领域[4]——利奥塔认为这是现象学唯一感兴趣的领域。同时，他强调“视觉”本身与欲望之间存在一种本质关

1 J.-F. Lyotard, *Discours, figure*, Paris, Klincksieck, 1971, p. 328.

2 参见 M. Merleau-Ponty, *Le visible et l'invisible*, texte établi par C. Lefort, Paris, Gallimard, 1964, p. 203.

3 J.-F. Lyotard, *Discours, figure*, Paris, Klincksieck, 1971, p. 289.

4 然而，正如皮埃尔·罗德里戈（Pierre Rodrigo）所指出的，需要注意的是：“在梅洛－庞蒂生命的最后十年中，他始终坚持不懈地探讨弗洛伊德那里‘力比多’（libido）概念的意义，让人印象深刻。”参见 P. Rodrigo, «À la frontière du désir : la dimension de la libido chez Merleau-Ponty», dans P. Rodrigo, *Problèmes de phénoménologie et d'esthétique*, Paris, Vrin, 2009, p. 51.

联。因此，他认为一种试图在这个意义上思考视觉的哲学必须到达一个现象学似乎无法触及的领域。

在《话语，图形》问世后不久，利奥塔在 1973 年出版了两本文集：《从马克思和弗洛伊德开始的漂流》[1]和《冲动装置》[2]。在其中的一些文章里，"欲望"这一主题首次明确地出现在法国哲学对电影的思考中。在第一本文集里，有一篇题为《论作品的批判功能》的文章（这篇文章最初发表于 1970 年的《美学杂志》[3]），利奥塔写道："显然，图像——尤其是电影图像——开始起到一种舞台的作用，在这个舞台上，我的欲望被捕捉并得以实现，例如通过投射到人物或情境之上的方式。"[4]

在此基础上，利奥塔在另一本文集中发表了"他关于电影的第一篇重要文章"[5]——《异电影》（*L'acinéma*）[6]。这篇文章最初也是于 1970 年发表在《美学杂志》[7]上。

---

1 J.-F. Lyotard, *Dérive à partir de Marx et Freud*（1973）, Paris, «10/18», 1994.

2 J.-F. Lyotard, *Des dispositifs pulsionnels*（1973）, Paris, Galilée, 1980.

3 J.-F. Lyotard, «Notes sur la fonction critique de l'œuvre», *Revue d'Esthétique*, XXIII, 3-4, 1970, pp. 400-414.

4 J.-F. Lyotard, *Dérive à partir de Marx et Freud*（1973）, Paris, «10/18», 1994, p. 232.

5 J.-M. Durafour, *Jean-François Lyotard: questions au cinéma*, Paris, P. U. F., 2009, p. 23.

6 此处中译参见李洋的文章《利奥塔与异电影的谱系学》，新美术，2020 年第 6 期。——译者注。

7 J.-F. Lyotard, «L'acinéma», *Revue d'Esthétique*, XXVI, 2-4, numéro spécial, *Cinéma: théorie, lectures*, textes réunis et présentés par D. Noguez, 1978, pp. 357-369.

当然，并不是说本文对于欲望的关注取代了先前我们所关注的电影特性，即电影“对于运动的使用”。实际上，利奥塔在文章开头完全延续了这一思考方向，他说：“电影在词源上是指对于运动的记录。电影是用运动，各种类型的运动来书写的。”[1] 现在，利奥塔将运动本身理解为欲望，并因此让我们想起情感（émotion）与运动（motion）之间的语言联系。[2] 由此来看，这篇文章特别有效地展示了利奥塔试图远离现象学及所谓现象学局限性的努力。

镜面结构，造型屏幕，电影屏幕

从这一点来看，对于屏幕特征的描述具有标志性意义。我们已经看到，梅洛－庞蒂首先从知觉角度（虽然不限于此）出发描述屏幕的特征。不同的是，在《异电影》中，利奥塔通过类比雅克·拉康对镜子的定义来刻画屏幕的特性：“电影的作用类似于拉康在 1949 年分析的矫正性镜子，这种镜子的功能是构建想象性主体（sujet imaginaire）或‘对象 a’（objet a）；即使这种功能在社会整体层面上发挥作用，其本质依然不会改变。”[3]

1 J.-F. Lyotard, *Des dispositifs pulsionnels*（1973）, Paris, Galilée, 1980, p. 57.
2 J.-F. Lyotard, *Des dispositifs pulsionnels*（1973）, Paris, Galilée, 1980, p. 66.
3 J.-F. Lyotard, *Des dispositifs pulsionnels*（1973）, Paris, Galilée, 1980, p. 65.

1949 年 7 月 17 日，在第十六届国际精神分析大会上发表的演讲中[1]，拉康将“镜像阶段”定义为对自我（Je）原初形式的“认同”（identification）[2]，而非对“主体”（sujet）的认同。同时，他在这一演讲中并未提到“对象 a”的概念，这一概念是在之后才发展出来的（1964 年，在梅洛－庞蒂的遗作《可见的与不可见的》出版后，拉康也借助该书进一步阐明了这一概念）[3]。另外，这个概念并不像利奥塔所说的那样旨在描述任何一种“认同”，而是相反，它如斯拉沃热·齐泽克所解释的那样，旨在描述“我们的形象中超越对称性镜像关系的部分”[4]。无论如何，在拉康的论述中，利奥塔感兴趣的点似乎是那个“在社会化的规定之前，就已将自我的动因置于一种虚构化途径”[5]的部分。因此，利奥塔从中得出了一个类比：一方面将婴儿的身体与社会化的身体进行比较，另一方面将镜子的功能与电影屏幕的功能进

1　J. Lacan，«Le stade du miroir comme formateur de la fonction du Je telle qu’elle nous est révélée dans l’expérience psychanalytique»（1949），dans *Écrits*，Paris，Seuil，1966，pp. 93-100.

2　J. Lacan，*Écrits*，Paris，Seuil，1966，p. 94. “只需将镜像阶段理解为一种充分意义上的认同，这种认同是精神分析赋予这一术语的含义：也就是说，当主体接纳一个形象时，主体身上发生的一种转变。”

3　参见 J. Lacan，«Du regard comme objet petit a»，dans *Le séminaire de Jacques Lacan. Livre XI. Les quatre concepts fondamentaux de la psychanalyse*（1964），J.-A. Miller（dir.），Paris，Seuil，1973，pp. 77- 135.

4　S. Žižek，*Organes sans corps: Deleuze et conséquences*（2004），trad. fr.（modifiée）de C. Jaquet，Paris，Amsterdam，2008，p. 188.

5　J. Lacan，*Écrits*，Paris，Seuil，1966，p. 94.

行比较[1]。在这一类比的基础上，他提出了一个对其电影思考至关重要的目标："我们将不得不思考，为何一般意义上的镜面结构，特别是电影屏幕，会成为力比多优先倾注的场所。"[2]

在《冲动装置》这本书的另一篇文章里，我们能看到利奥塔所说的"一般意义上的镜面结构"的一些特征，这篇文章的题目为《依照塞尚的弗洛伊德》[3]。

利奥塔指出，塞尚的绘画蕴含着一种"消解再现的潜在原则"[4]，而"梅洛－庞蒂完全正确地将这一原则视为其整个工作的核心"[5]。然而，他认为梅洛－庞蒂的解释仅限于将这一原则视为知觉领域的运作机制，且旨在"重新发现感性的真正秩序"[6]。与梅洛－庞蒂不同的是，利奥塔认为，这一原则象征了"真正的绘画欲望

1 正如让－路易·德奥特（Jean-Louis Déotte）在讨论"社会主义还是野蛮"这个团体的成员［卡斯托里亚迪斯（Castoriadis）、勒福尔（Lefort）、利奥塔、莫兰（Morin）等］时所指出的，"这些源自弗洛伊德学派的理论家所冒的风险，是将社会政治视为一种基于个体身体模型的'身体'，并因此将精神分析的成果转移到政治领域，而这显然并非理所当然的"。J.-L. Déotte, «L'acinéma de J. F. Lyotard», *Revue Appareil*（En ligne），n° 6，2010，mis à jour le 06/01/2011，http://appareil.revues.org/973，p. 1.

2 J.-F. Lyotard，*Des dispositifs pulsionnels*（1973），Paris，Galilée，1980，p. 65.

3 J.-F. Lyotard，«Freud selon Cézanne»（1971），dans *Des dispositifs pulsionnels*（1973），Paris，Galilée，1980，pp. 71-89.

4 J.-F. Lyotard，«Freud selon Cézanne»（1971），dans *Des dispositifs pulsionnels*（1973），Paris，Galilée，1980，p. 80.

5 J.-F. Lyotard，«Freud selon Cézanne»（1971），dans *Des dispositifs pulsionnels*（1973），Paris，Galilée，1980，p. 80.

6 J.-F. Lyotard，«Freud selon Cézanne»（1971），dans *Des dispositifs pulsionnels*（1973），Paris，Galilée，1980，p. 80.

的转移”[1]，这种转移最终动摇了绘画的本质功能。因为自文艺复兴（Quattrocento）以来，绘画一直具有“再现的功能”[2]。此外，利奥塔指出，弗洛伊德的精神分析也未能察觉绘画领域中的这种“欲望的转移”。在他看来，绘画领域本可以成为表达更广泛的欲望变迁的典型例证，而这种变迁恰恰始于19世纪下半叶的西方社会[3]。利奥塔特别提到弗洛伊德的《达·芬奇及其童年的回忆》[4]一书。他认为弗洛伊德在关于绘画的反思中，依然将画布——利奥塔称之为“造型屏幕”[5]——“按照再现的功能”进行思考，并将其视为“一个透明的支撑物，在其背后一幕不可靠近的场景徐徐展开”[6]。

正如利奥塔在1972年于索邦大学所做的《绘画与欲望》的讲座中所阐明的（该讲座内容直到最近才被出版），他将屏幕描述为“透明的支撑物”显然指向了文艺复兴时期的透视理论家。从莱昂·巴蒂斯塔·阿尔伯蒂（Leon Battista Alberti）开始，这些理论家将画屏

---

1 J.-F. Lyotard, «Freud selon Cézanne» (1971), dans *Des dispositifs pulsionnels* (1973), Paris, Galilée, 1980, p. 75.

2 J.-F. Lyotard, «Freud selon Cézanne» (1971), dans *Des dispositifs pulsionnels* (1973), Paris, Galilée, 1980, p. 75.

3 参见 J.-F. Lyotard, «Freud selon Cézanne» (1971), dans *Des dispositifs pulsionnels* (1973), Paris, Galilée, 1980, p. 76.

4 参见 S. Freud, *Un souvenir d'enfance de Léonard de Vinci* (1910), trad. fr. de J. Altounian, A., O. Bourguignon, P. Cotet et A. Rauzy, préface de J.-B. Pontalis, Paris, Gallimard, 1987.

5 J.-F. Lyotard, *Des dispositifs pulsionnels* (1973), Paris, Galilée, 1980, p. 74.

6 J.-F. Lyotard, *Des dispositifs pulsionnels* (1973), Paris, Galilée, 1980, p. 74.

定义为“一扇窗户，透过它可以看到窗户另一侧的景色”[1]，这种说法开启了一段新的历史进程，其中，窗户成为代表现代社会视觉模型的光学装置。[2]

具体而言，根据利奥塔的观点，弗洛伊德将“造型屏幕”视为一种“被遮蔽的窗户”（fenêtre voilée），而不是透明的窗户[3]。换句话说，这是一扇被帷幕（rideau）遮盖的窗户，一方面它将“不可靠近的场景”的真相隐藏于视线之外，另一方面它则展示出某种再现性画面，从而给欲望带来一种虚幻的满足。在我看来，这种具有双重功能的帷幕，是利奥塔在《异电影》中所说的“一般意义上的镜面结构”的一种（历史性）变体，而这种帷幕似乎被他视为绘画屏幕与电影屏幕之间的共同特征。此外，这种双重功能也正是“屏幕”一词最常见的两种内涵：一种是隐藏，另一种是展示（d’un côté cacher，de l’autre montrer）。

如前所述，利奥塔在《依照塞尚的弗洛伊德》中批评了弗洛伊德，绘画的再现功能正值逐渐式微的历史性时刻，弗洛伊德依然坚持对于绘画采用再现性的阐释

1 J.-F. Lyotard，«Peinture et désir»，Conférence inédite prononcée à la Sorbonne le 9 décembre 1972，présentation de F. Frimat，J.-M. Durafour，*Cités*，2011/1，n. 45，p. 119.

2 参见 G. Wajcman，*Fenêtre: chroniques du regard et de l’intime*，Lagrasse，Verdier，2004. 以及 A. Friedberg，*The virtual window: from Alberti to Microsoft*，Cambridge（MA），The MIT Press，2006.

3 利奥塔明确提到了“再现的帷幕”（voile des représentations），参见 J.-F. Lyotard，*Des dispositifs pulsionnels*（1973），Paris，Galilée，1980，p. 73.

方式。不过，利奥塔在《异电影》中认为，再现功能在当时仍占主导地位。但《依照塞尚的弗洛伊德》一文仍然表明，弗洛伊德还是将画屏视为一扇窗户（被遮蔽的），并因此将图像本身视为“屏幕”，而从形而上学的角度来看，这些“屏幕”是需要“被撕裂”[1]的。与弗洛伊德不同的是，利奥塔指出，正是从这一历史时刻开始，“塞尚所开启的批判性工作，随后被德劳内（Delaunay）、克利（Klee）、立体派画家（cubistes）、马列维奇（Malevitch）和康定斯基（Kandinsky）以各种方式延续或重新开启。这些工作表明，绘画不再是在窗户玻璃般的画屏上制造深度幻觉，而是向人们揭示（faire voir）各种造型元素（线条、点、平面、明暗、色彩），而传统的再现总是致力于掩盖这些元素。因此，艺术不再是通过欺骗来满足欲望，而是通过展现其运作机制，系统地捕捉并挫败这种欲望”[2]。

正是依照他所描述的这一动态机制，利奥塔对“波普艺术（Pop Art）之前的美国抽象表现主义者（abstract expressionists）”[3]发表了他的看法。他认为，这些画家意识到，“即便是立体派的空间依然具有深度，这种深度在某种程度上仍然是幻觉性的，因为它是一个欲望可以深陷其中的屏幕。抽象表现主义者将这种深度空间还原

1 J.-F. Lyotard，*Des dispositifs pulsionnels*（1973），Paris，Galilée，1980，p. 86.

2 J.-F. Lyotard，*Des dispositifs pulsionnels*（1973），Paris，Galilée，1980，p. 76.

3 J.-F. Lyotard，*Dérive à partir de Marx et Freud*（1973），Paris，«10/18»，1994，p. 235.

为完全二维的空间，在这个空间上，他们绘制出色块”[1]。

非–艺术，异电影和欲望的变迁

这种动态机制的意图和特征最终也促使利奥塔提出了“反艺术”（anti-art）的概念，这是他从杜尚那里继承而来的，但他更倾向于称之为“非－艺术”（a-art）[2]。这一动态机制旨在通过揭示“再现的运作机制”来解构再现，从而避免通过幻想（幻想本身与禁忌有关[3]）带来的欲望的虚假满足，并推动和促进“欲望的转移”。关于这一点，他在《论作品的批判功能》中写到，“在现代艺术中，欲望中存在一种死亡驱力（la pulsion de mort）”[4]，而“欲望的转移”似乎体现在从追求快感（plaisir）转向追求享乐（jouissance）的过程中：“如果你观看一件效果很好的波普艺术作品，它就完全满足享乐的条件……满足弗洛伊德之后对于享乐的定义：爱欲（Éros）与死亡的结合，对于这一最为复杂、最具内在差异性的组织的追求，以及对它的毁灭。”[5]

因为“异电影”和“非－艺术”[6]这个概念很类似，

1 J.-F. Lyotard，*Dérive à partir de Marx et Freud*（1973），Paris，«10/18»，1994，p. 235.

2 J.-F. Lyotard，*Dérive à partir de Marx et Freud*（1973），Paris，«10/18»，1994，p. 233.

3 J.-F. Lyotard，*Dérive à partir de Marx et Freud*（1973），Paris，«10/18»，1994，p. 236.

4 J.-F. Lyotard，*Dérive à partir de Marx et Freud*（1973），Paris，«10/18»，1994，p. 235.

5 J.-F. Lyotard，*Dérive à partir de Marx et Freud*（1973），Paris，«10/18»，1994，pp. 245-246.

6 利奥塔在关于“异电影”的文章中也参考了弗洛伊德对于享乐的解释，参见 J.-F. Lyotard，*Des dispositifs pulsionnels*（1973），Paris，Galilée，1980，pp. 59-61.

所以利奥塔的这些评论让我们也能在利奥塔“异电影”这个概念中看到类似的一种“欲望的转移”。正如他在专门讨论“异电影”概念的文章中所说的：“异电影……位于电影作为运动书写（graphie des mouvements）的两个极端之间：也就是极端的静止和极端的运动。”[1]

此外，在同一篇文章里，利奥塔曾指出：“这两种表面上完全对立的趋势，似乎正是吸引当代绘画中最强烈元素的那些趋势。”[2]利奥塔在电影领域将这两种趋势统一在“异电影”这一概念之下，原因在于，无论在屏幕上感知到的运动是减速还是加速，这两者都使这种运动显现为“非自然的”。它们因此在某种程度上偏离了电影的主流趋势，即所谓“再现性－叙事性艺术”（art représentatif-narratif）[3]的传统。这种主流电影，与主流绘画的特性类似（根据《依照塞尚的弗洛伊德》一文的观点），最终将“掩盖”其自身的“支撑物”（support）[4]，并因此成为从属于欲望的最传统的表达方式。[5]与主流电

1 J.-F. Lyotard，*Des dispositifs pulsionnels*（1973），Paris，Galilée，1980，p. 66.

2 J.-F. Lyotard，*Des dispositifs pulsionnels*（1973），Paris，Galilée，1980，p. 60.

3 J.-F. Lyotard，*Des dispositifs pulsionnels*（1973），Paris，Galilée，1980，p. 60.

4 J.-F. Lyotard，*Des dispositifs pulsionnels*（1973），Paris，Galilée，1980，p. 65.

5 1995 年 11 月在慕尼黑举行的《自主电影的理念》（*Idée d'un film souverain*）演讲中，利奥塔在总结时提出了自己对“异电影”的理解：“我认为，一位导演如果不是影像的商人，就会在内心怀有一个关于自主电影的理念。在这样的电影中，现实主义情节会在某些时刻让位于本体论真实的显现。这一理念必须保持为康德意义上的‘理念’，即没有任何对象（在这里是任何电影）能够在经验中与之相对应。自主电影是不存在的，因为自主性与客观的整体性是不相容的。”参见 J.-F. Lyotard，*Misère de la philosophie*，Paris，Galilée，2000，p. 221.

影相反，在利奥塔看来，异电影与抽象绘画类似，其中，“力比多的目标不是再现的对象，而是屏幕最为形式化（les plus formels）的层面”[1]。利奥塔在其《论作品的批判功能》中表达了同样的观点，并以阿伦·雷乃（Alain Resnais）的电影《我爱你，我爱你》（*Je t'aime, je t'aime*，France 1968）为例：“欲望撞击着屏幕，因为屏幕被作为屏幕看待，而不是被当成一块玻璃。在这部电影的例子里，这种批判性的颠覆是通过剪辑实现的。”[2]

不过，严格意义上的“异电影”是通过对运动的干预来实现这种“批判性的颠覆”[3]的。

总之，利奥塔在当下发现并期待的“欲望的变迁”[4]，通过阻止我们在再现的对象中认同和识别自己，不再生产一种源于欲望自身虚幻实现的快感形式，而是倾向于揭示（faire voir）这种快感形式的虚幻本质。它将这种快感与“享乐”中的某种失望混杂在一起，因而使得通常用以支撑幻觉的表面（surface），即镜面结构的地位发生变化，而这个表面也正是屏幕。正如我之前提到的[5]，利奥塔使用了与梅洛－庞蒂相同的表述——

1　J.-F. Lyotard，*Des dispositifs pulsionnels*（1973），Paris，Galilée，1980，p. 68.

2　J.-F. Lyotard，*Dérive à partir de Marx et Freud*（1973），Paris，«10/18»，1994，p. 238.

3　J.-M. Durafour，*Jean-François Lyotard: questions au cinéma*，Paris，P. U. F.，2009，p. 26.“异电影与电影的根本差异体现在运动上。”

4　J.-M. Durafour，*Jean-François Lyotard: questions au cinéma*，Paris，P. U. F.，2009，p. 78，p. 89.

5　见前文第 85 页，J.-F. Lyotard，*Des dispositifs pulsionnels*（1973），Paris，Galilée，1980，p. 76.

"使之显现"（faire voir）——这一点不应被忽略，也不应被误解。对这两位思想家来说，图像都借此表明它不是"第二等的事物"[1]（此处借用了梅洛－庞蒂的表述）。从这个意义上讲，我在本章开头参照梅洛－庞蒂思想所提到的对于显现之表面的本体论复兴，在利奥塔的思想中得到了延续。然而，值得深思的是，如果在一种情况下，这一表述最终指向的是"使之显现"（pour faire voir）的条件，那么在另一种情况下，同样的原因，它则成为"需要显现"（à faire voir）的表面，而这正是"站在图形因素的立场上"（le parti pris du figural）的核心所在。

使之显现的屏幕，需要显现的屏幕：对于梅洛–庞蒂和利奥塔的比较

让我们继续对比这两位哲学家。在讨论"异电影"的文章中，利奥塔如此这般举例解释这个概念："在电影《乔，这也是美国》（*Joe, c'est aussi l'Amérique*，一部完全立足于真实感的电影）中，运动两次被改变：第一次是父亲把与女儿同住的年轻嬉皮士男孩殴打致死；第二次是他在用步枪'清理'一个嬉皮士公社时，无意中杀死了自己的女儿。在最后一段中，画面定格在这位年轻女性被击中瞬间的特写镜头，她的面部和上半身在运

1　M. Merleau-Ponty，*L'œil et l'esprit*，Paris，Gallimard，p. 23.

动过程中突然静止下来。在第一次杀戮中，我们看到父亲的拳头像冰雹般砸向毫无防备的男孩的脸，很快就将他打至昏迷。这两个效果——一个是动作的静止，另一个是过度的动作表现——是通过违反再现规则实现的。这些规则要求胶片以 24 帧 / 秒的帧率记录真实的运动，并在放映时以相同的速度还原出来。”[1]

让 - 米歇尔·杜拉弗（Jean-Michel Durafour）在关于电影与利奥塔思想的书中，提到了另外一个“异电影”的例子，这个例子正是梅洛 - 庞蒂在“感性世界与表达世界”课程摘要中提到的一个电影片段，即《操行零分》中宿舍暴动的场景。[2]

这个巧合绝非偶然，反而具有深刻的意义。事实上，我们仔细观察就可以发现，梅洛 - 庞蒂提及这个片段，与利奥塔提到嬉皮女孩被杀害的场景，二者的理由并无太大差别：前者的慢动作和后者的静止画面，都以类似的方式中止了观众自然而然地将自身代入屏幕中运动画面的倾向，从而产生一种陌异化的效果。那么，这是如何实现的呢？我们已经知道梅洛 - 庞蒂的回答：《操行零分》的片段使用了减速画面，并伴随着反向播放的音符，违背了我们知觉的逻辑。而利奥塔的回答可能是这样的：

1　J.-F. Lyotard，*Des dispositifs pulsionnels*（1973），Paris，Galilée，1980，p. 63. 该部电影原名是《乔》（*Joe*），由约翰·G. 艾维森（John G. Avildsen）执导（1970）。

2　参见 J.-M. Durafour，*Jean-François Lyotard: questions au cinéma*，Paris，P. U. F.，2009，p. 30.

这些静止画面至少在一瞬间阻止了利奥塔所说的“分散的冲动”（pulsions éparses），找到“一个可供汇聚的对象”（un objet où se réunir）[1]。这样的回答建立在屏幕与镜子（拉康意义上的镜子）的类比关系上。不过，梅洛－庞蒂的回答不是也暗含了类似的类比吗？[2]在《眼与心》中，梅洛－庞蒂似乎再次提及了《操行零分》中宿舍暴动的片段，他写道：“慢动作呈现了一个飘浮在物体之间的身体，像一片海藻，几乎没有运动。”[3]而这个如同海藻般飘浮的身体，难道不是在某种意义上起到了“对象 a”的作用吗？人们可能会反驳说（此处借用利奥塔在《话语，图形》中的说法），梅洛－庞蒂将其归因于“知觉的‘人’”（On de la perception），而非“欲望的‘它’”（Ça du désir）[4]。然而，这两者真的能够被完全分割开吗？无论如何，可以肯定的是，以这种方式（正如我们确实在利奥塔的文本中所读到的那样）将欲望置于感性之外的“彼岸”，存在着使欲望走向形而上学化的风险。

---

1 J.-F. Lyotard，*Des dispositifs pulsionnels*（1973），Paris，Galilée，1980，p. 65.

2 梅洛－庞蒂在引用希尔德（Schilder）关于“身体图式的力比多结构”理论时提到了拉康的镜像阶段，“身体图式的完全明确化不仅涉及主体与自身的关系，还包括其与他者的关系：在我的身体图式中已经包含了一些自我的呈现，而这些呈现只能从他者的视角获得（例如我正面的脸）。对自身的观看的出现就是他者的出现（镜像阶段）”。参见 M. Merleau-Ponty，*Le monde sensible et le monde de l'expression: Cours au Collège de France. Notes，1953*，Genève，MētisPresses，2011，p. 159. 以及 J. Lacan，«Le stade du miroir comme formateur de la fonction du Je telle qu'elle nous est révélée dans l'expérience psychanalytique»（1949），dans *Écrits*，Paris，Seuil，1966.

3 M. Merleau-Ponty，*L'œil et l'esprit*，Paris，Gallimard，p. 78.

4 J.-F. Lyotard，*Discours, figure*，Paris，Klincksieck，1971，p. 23.

无论如何，在拉康思想的影响下——这种影响也可以在后期的梅洛－庞蒂身上找到——利奥塔同样强调，“现实”（réalité）并非某种原初的东西，而是由相应的“场面调度”（mise en scène）组织起来的，而这种场面调度同时也产生了对该现实的再现。[1] 这一观点反过来也解释了为何梅洛－庞蒂和利奥塔都试图重新赋予绘画和电影屏幕更多的意义，并为其提供一种能够匹配他们在我们这个时代艺术中所观察到的变革的表述。他们认为，当代艺术实际上质疑了现代性中以戏剧和窗口为代表的再现模型。这些模型都以“帷幕”为核心概念，而这一帷幕包含了多重形而上学的含义。梅洛－庞蒂与利奥塔的交叉视角也因此揭示出了一个关键问题：视觉的历史性、特定时代所采纳的作为视觉模型的光学装置的变革，以及欲望的变迁之间的三重关联。这种三重关联可以被视为“电影－哲学”的核心。

究竟什么是“欲望的变迁”呢?

今天比以往任何时候都更迫切地需要思考这种三重关联。对于这个问题，利奥塔指出，“从 19 世纪 80 年代起”[2]，西方文化开始出现一种变迁，这种变迁在绘画领域表现为“画家萌生了一种奇怪的愿望：让画作……

---

1 关于这一点，参见 J.-L. Déotte, «L’acinéma de J. F. Lyotard», *Revue Appareil*（En ligne），n° 6，2010，mis à jour le 06/01/2011，http://appareil.revucs.org/973，p. 4.

2 J.-F. Lyotard，*Des dispositifs pulsionnels*（1973），Paris，Galilée，1980，p. 76.

摆脱指涉性关系，而具有绝对物体的价值”[1]。更广泛地说，从那个时代开始，一种欲望的变迁逐步促成了再现系统的逐渐解体，这种再现系统把物体当成具有指涉性价值的符号。正如利奥塔在 20 世纪 70 年代初关于塞尚的文章中所写的那样，“至少在西欧来说，这种解体在最近 15 年里已经变得显而易见”[2]。

利奥塔在 70 年代末所说的“后现代状况”[3]，也是延续和发展自塞尚在其绘画表达中开始的变革。事实上，利奥塔认为“所谓后现代时期的到来……至少可以追溯到 20 世纪 50 年代末，此时正是欧洲战后重建结束的时期”[4]。他认为这一转变可以归因于“从 19 世纪末开始影响到科学、文学和艺术游戏规则的变革”[5]。

利奥塔在《依照塞尚的弗洛伊德》中所描述的现代画家“让人们失望”（décevoir）的欲望，为他的后现代社会特征的“悲伤”（chagrin）以及“智慧的忧郁”（sage mélancolie）[6] 的观点做了铺垫。如果我们参考他于 1985 年策划的展览“非物质”（*Les Immatériaux*）的目录（利奥塔试图通过这个展览“让人们感受到”[7] 这种后现代状

1 J.-F. Lyotard，*Des dispositifs pulsionnels*（1973），Paris，Galilée，1980，p. 87.
2 J.-F. Lyotard，*Des dispositifs pulsionnels*（1973），Paris，Galilée，1980，p. 88.
3 J.-F. Lyotard，*La condition postmoderne*，Paris，Minuit，1979.
4 J.-F. Lyotard，*La condition postmoderne*，Paris，Minuit，1979，p. 11.
5 J.-F. Lyotard，*La condition postmoderne*，Paris，Minuit，1979，p. 7.
6 J.-F. Lyotard，*Les Immatériaux.* Album，Paris，Éditions du Centre Georges Pompidou，1985，p. 18.
7 J.-F. Lyotard，*Les Immatériaux.* Album，Paris，Éditions du Centre Georges Pompidou，1985，pp. 26-27.

况与新兴电子革命之间的联系），就能得出这一判断。

另外，我们可以观察到，利奥塔也提出了另外一种连续性，即在19世纪末和20世纪的西方文化中，文艺复兴时期的透视法所关联的主流绘画观念与电影的主流趋势之间的连续性——尽管电影的诞生发生在上述欲望开始变迁的几年之后……实际上，他认为正是绘画与电影中表现方式的这种连续性，推动了他所发现的现代绘画的“批判性工作”（他将其称为“非－艺术”）与“异电影”之间的连续性。第二种连续性必然是第一种连续性的补充，因为后者需要依托前者，才能对其进行批判性的反思[1]。

换句话说，虽然强调了欲望的变迁，但利奥塔并没有在电影的“出现”[2]中，也就是在造型屏幕（画布）旁侧的电影屏幕中，看到同等程度的变迁。说得更清楚一点，他没有在电影出现这件事中看到一种变革，这种变革可以改变两种屏幕（造型屏幕和电影屏幕）呈现其所谓“一般意义上的镜面结构”的方式。在利奥塔看来，归根结底，是欲望的变迁促成了现代绘画和异电影在主流再现体系内的批判性工作。简言之，这种变迁被置于感性之外的“彼岸”，因而只能是形而上学的。

---

1 “因此利奥塔的目的不是将异电影置于可以引发争论的外部空间，而是将其视为渗透在具象电影内部中的。”参见 J.-M. Durafour，*Jean-François Lyotard: questions au cinéma*，Paris，P. U. F.，2009，p. 65.

2 J.-M. Durafour，*Jean-François Lyotard: questions au cinéma*，Paris，P. U. F.，2009，p. 26. 这个表达来自一本书的标题：C. Musser，*The Emergence of Cinema*，New York，Charles Scribner's Son，1990.

因此利奥塔和同时代的许多电影理论家一样，他们都认为在西方文化中，在黑暗的放映厅内，电影屏幕的出现，与明亮展厅中展出的绘画相比，并未引发我们视觉模式的历史性变迁。[1] 在他们看来，西方文化主导的视觉模式依然是阿尔伯蒂式的窗户模型，并且在绘画与电影两种情况下都服务于同一种“再现性－叙事性的艺术”观念。[2] 然而，尽管在某种程度上，文艺复兴透视法所塑造的知觉与电影光学之间的连续性不可否认，但在另一个角度来看，我们也必须指出，人类的视觉功能并不是仅仅赋予我们一种以“光学”视角来观察世界的方式，而是一种通达世界的“身体性”途径，这意味着在这种途径中，视觉的主导地位并不否定其本质上联觉性的（synesthésique）[3] 特征。显然，联觉这个特征在绘画和电影中的呈现方式不同。

因此，断言窗户仍然是我们这个时代作为视觉模型

1　让·雷诺阿（Jean Renoir）似乎觉察到这种历史性变迁，他指出，对于他父亲——画家皮埃尔－奥古斯特·雷诺阿（Pierre-Auguste Renoir）——和对于作为“戏剧与电影创作者”的他自己来说，场景照明的重要性发生了颠倒。参见 J. Renoir，Pierre-Auguste Renoir，*mon père*（1962），Paris，Gallimard，1981，p. 203. 关于这一点，还可以参考 G. Bruno，*Surface: Matters of Aesthetics, Materiality, and Media*，Chicago，University of Chicago Press，2014，p. 121.

2　参见 J.-M. Durafour，*Jean-François Lyotard: questions au cinéma*，Paris，P. U. F.，2009，pp. 61-63. 以及 V. Sobchack，«The Scene of the Screen：Envisioning Photographic，Cinematic，and Electronic “Presence” »（1994），in *Carnal Thoughts: Embodiment and Moving Image Culture*，Berkeley Los Angeles London，University of California Press，2004，p. 142，note 14.

3　关于这种联觉性的构造，参见 M. Carbone，*Proust et les idées sensibles*，Paris，Vrin，2008，p. 47，note 2.

的光学装置还合理吗?

一直以来我都认为知觉与欲望是不可分割的，这一立场必然意味着我也将二者的变迁看作不可分割的，并进一步认为二者与各种知觉技术和表达技术的传播密不可分。这些技术“不仅以不同的方式介入我们身体存在的构造，还以不同的方式构成了这些存在。换句话说，每一种技术都为我们生活的身体赋予了截然不同的‘在世界中存在’的方式”[1]。

维维安·索布切克（Vivian Sobchack）在我刚刚引用的这篇文章中还讨论了弗雷德里克·詹姆逊（Fredric Jameson）的观点。詹姆逊在利奥塔讨论后现代问题的5年之后，也尝试对后现代时期进行分析[2]。他将后现代

1 V. Sobchack，*Carnal Thoughts: Embodiment and Moving Image Culture*，University of California Press，Berkeley Los Angeles London，University of California Press，2004，p. 136.

2 F. Jameson，*Le postmodernisme, ou la logique culturelle du capitalisme tardif*（1984），trad. fr. F. Nevoltry，Paris，Beaux-Arts de Paris，2007，pp. 33-104. 在这里以及后文中，我会使用“后现代”（postmoderne）这个词来指代原文中的“后现代主义”（postmodernisme）。我这样做的目的是尽量避免人们经常赋予它的或正面或负面的意识形态评价，这些评价非常多，但往往是错误的。我用这个词仅仅是为了指称西方最近的一个历史－文化发展阶段，这一阶段因为种种变革已经与前一个阶段完全不同。我曾在书中讨论过现代与后现代之争的重要问题，参见“M. Carbone，*Être morts ensemble*，trad. fr. M. Logoz，Genève，MētisPresses，2013”的引言和第一章。我也在这本书里解释过，扬·帕托契卡同样认为一些标志着时代变革的变化发生在利奥塔和詹姆逊所说的后现代阶段，帕托契卡称之为“后－欧洲时期”（époque post-européenne），参见 J. Patočka，«L'Europe et après. L'époque posteuropéenne et ses problèmes spirituels»，dans J. Patočka，*L'Europe après l'Europe*，trad. fr. E. Abrams，Paris，Verdier，2007，p. 37 *sq.* 以及 M. Carbone，*Être morts ensemble*，trad. fr. M. Nijhuis，Genève，MētisPresses，2013，pp. 103-112.

时期定义为与资本主义历史的第三阶段——也就是我们当前所处的阶段——相伴而生的“文化逻辑”。在他看来，资本主义的这一阶段应被称为“跨国资本主义”时期，始于20世纪40年代和50年代。詹姆逊提出的与资本主义发展阶段并行的“文化分期”，在后现代阶段之前还包括了两个早期阶段，即“现实主义”阶段（réalisme，始于19世纪40年代到50年代之间）和“现代主义”阶段（modernisme，始于19世纪90年代）。而索布切克则进一步提议，在詹姆逊的这三个“文化分期”中，分别确定了“三种相应的技术模式，以及视听觉表现形式：摄影、电影和电子技术”[1]。

值得注意的是，总体看来，这种“文化分期”的第二阶段和第三阶段大致与利奥塔所说的两个阶段相对应。但更值得注意的是，詹姆逊的分期被索布切克吸收并进一步整合，后者强调了电影本身（以及摄影和电子技术）在相应历史变革中发挥的积极作用，这一点与利奥塔不同。索布切克解释说：“电影、摄影和电子技术，每一种形式都以批判性的方式，参与了资本内部特定技术革命的发生，同时也促成了文化与主体内部特定知觉革命的形成。换句话说，每一种形式都在构建特定的时空结构以及现象逻辑方面作出了重要贡献，也正是它们

1　V. Sobchack，*Carnal Thoughts: Embodiment and Moving Image Culture*，University of California Press，Berkeley Los Angeles London，University of California Press，2004，p. 140.

塑造了詹姆逊所定义的三种主导的文化逻辑——现实主义、现代主义和后现代。”[1]

这一点也引发了对利奥塔所提出的后现代时期欲望特征的质疑：这真的与“悲伤”和“智慧的忧郁”的情感基调融为一体的“让人们失望”的欲望吗?

在《如何阅读拉康》中，齐泽克解释说，从弗洛伊德精神分析的角度来看，“忧郁症患者是这样一种主体：他拥有某个对象，但失去了对于该对象的欲望，因为促使他渴望这一对象的原因已经消失或失效”[2]。这种定义似乎非常适用于后现代时期的西方。事实上，激起西方欲望的对象——一个可以被称为“世界”的对象——似乎已经被它完全掌控，但与此同时，这个对象也因为“上帝已死”，以及“此世”失去了与“彼世”关联的所有神秘感[3]，而变成了一个没有原因的对象。

于是这种对象变成“一个好似没有身体的自主器官，它存在于我身体的核心处，但无法被控制”[4]，因此成为“羞耻的根源”[5]。这正是今天西方所面临的状况：

---

1 V. Sobchack，*Carnal Thoughts: Embodiment and Moving Image Culture*，Berkeley Los Angeles London，University of California Press，2004，p. 140.

2 S. Žižek，*How to Read Lacan*，London，Granta，2006，trad. fr. I. Vodoz，*Comment lire Lacan*，Caen，Nous，2011，p. 78.

3 F. Nietzsche，«Comment，pour finir，le “monde vrai” devint fable»，dans *Crépuscule des idoles ou Comment philosopher à coups de marteau*（1888），trad. fr. J.-C. Hémery，édition de G. Colli et M. Montinari，Paris，Gallimard，tome VIII/1，pp. 80-81.

4 S. Žižek，*Comment lire Lacan*，Caen，Nous，2011，p. 83.

5 S. Žižek，*Comment lire Lacan*，Caen，Nous，2011，p. 83.

激起其欲望的对象，因失去了其背后的原因，变成了一种“无身体的器官”，这种器官在西方自身的身体中产生了一种自体免疫综合征，而这一综合征的典型表现便是 2001 年的“9·11”事件[1]。这种综合征并未如利奥塔所设想的那样伴随着任何“智慧”，相反，其自毁倾向更多表现为一种追求享乐的狂热冲动。正如本书第二部分将要探讨的，这种享乐的狂热冲动，其“神话时间”（temps mythique）正位于当下，而其“神话空间”则处在当代屏幕之中。

---

1 2001 年 9 月 11 日，针对美国的恐怖袭击事件（我在本书最后一章中将提到它），让·鲍德里亚和雅克·德里达评断其为西方的一种自体免疫危机。关于这一点，请参考：M. Carbone，*Être morts ensemble*，trad. fr. M. Logoz，Genève，MētisPresses，2013，p. 69 *sq.* 此外，扬·帕托契卡在《历史哲学的异端论考》中的一些描述，被保罗·利科总结为“欧洲在两次世界大战时期的自杀”。详见保罗·利科为扬·帕托契卡的《历史哲学的异端论考》所写的“前言”：P. Ricœur，«Préface» de J. Patočka，*Essais hérétiques sur la philosophie de l'histoire*，trad. fr. E. Abrams，Paris，Verdier，1981，p. 8.

第二部分　屏幕的动态生命

我尝试……分析普通观众和非专业人士在屏幕前可能感受到的情绪。[1]

1　J.-P. Sartre, «Apologie pour le cinéma. Défense et illustration d'un Art international», dans *Écrits de jeunesse*, éd. M. Contat, M. Rybalka, Paris, Gallimard, 1990, p. 388.

第一章 限定以超越：奠基于其变体的“元屏幕”主题

屏幕，画布，窗户

> 可以将放映电影的屏幕与承载绘画的画布进行比较。后者邀请观众进行凝视（contemplation）；在它面前，观众可以沉浸在自己的联想中。而在电影屏幕前，情况却完全不是这样。观众的目光刚捕捉到它们，它们就已经发生了变化。根本无法将其固定下来。[1]

在《机械复制时代的艺术作品》第二版打字稿（dactylographiée）的第 14 章中[2]，瓦尔特·本雅明鼓励我们以这样的方式比较电影屏幕与绘画画布，这种类型的比较将占据本章大部分篇幅。不过，在进行这项比较之前——也是为了能够展开这种比较——我们需要首先弄清楚“凝视”这个词的含义。

在《一瞥中的世界》（*The World at a Glance*）中，

1 W. Benjamin, *L'œuvre d'art à l'époque de sa reproductibilité technique*, trad. fr. M. de Gandillac revue par R. Rochlitz，Paris，Gallimard，2008，p. 47.

2 参见 W. Benjamin，*Werke und Nachlaß. Kritische Gesamtausgabe*，hrsg. von C. Gödde und H. Lonitz，Berlin，Suhrkamp，2008.（vol. XVI：*Das Kunstwerk im Zeitalter seiner technischen Reproduzierbarkeit*，hrsg. von B. Lindner unter Mitarbeit von S. Broll und J. Nitsche，2012，p. 317）.

爱德华·凯西（Edward Casey）提醒我们，英语中有两个术语用于描述两种常见的视觉感知——“gaze”（注视）和“glance”（扫视）。然而，这两个词在法语中没有精确的对应词，法语倾向于将它们都翻译为“regard”（看），前者是“固定地”（fixe）看，后者是“快速地”（rapide）看。紧接着，凯西指出，不应将这两种视觉感知当成两种特定的行为，而应该看作两个“家族”（familles），每个家族中都包含多个成员，成员之间或多或少有一些关联[1]。凯西认为“注视”（持续且专注地看）的家族包括“凝视”。他将凝视描述为一种“开放且耐心的——甚至达到冥想程度的”[2]观看方式。因此，凝视成为一种“与所注视对象同在的状态，如‘凝视’（contemplatif/cum templum）这个词中的‘cum’（意为‘与’）所暗示的那样”[3]。如果回应本雅明在上述段落中的观点，我会补充说，凝视时，我们会滑入一种模糊的状态，在这种状态中，主动与被动之间的界限变得不再分明，这正是与我们所凝视的对象“同在”的另一种表现。

接下来需要探讨的是，吸引观众进行凝视的究竟是怎样的画作。极有可能，这幅画并不是一幅现代绘画。

1　参见 E. S. Casey，*The World at a Glance*，Bloomington et Indianapolis，Indiana University Press，2007，en particulier pp. 482-483.

2　E. S. Casey，*The World at a Glance*，Bloomington et Indianapolis，Indiana University Press，2007，p. 133.

3　E. S. Casey，*The World at a Glance*，Bloomington et Indianapolis，Indiana University Press，2007，p. 133.

实际上，本雅明提到的画布不会产生任何“冲击”，不会打扰观众“沉浸在自己的联想中”。提供这种可能性的画作，更有可能是根据已经沉淀在传统中的某种看待世界的方式创作的。我们知道，在西方文化中，至今仍占主导地位的世界观照方式，是由意大利建筑师和艺术理论家莱昂·巴蒂斯塔·阿尔伯蒂于1435年在其著作《论绘画》中首次提出的。他这样描述：“我首先在待绘制的表面上勾勒一个由直角构成的四边形，其大小由我决定。对我来说，它是一扇打开的窗户，通过它，人们可以看到历史故事（l'histoire）。”[1]

阿尔伯蒂在这里阐发了一种非常明确的绘画技术，它有多个名字，其中之一就是“文艺复兴透视法”。这种技术将所有垂直于画面的直线汇聚到一个消失点上。几个世纪以来，一直到19世纪末，这种技术都是西方绘画的基本法则。我们只需回忆一下德国油画家和版画家阿尔布雷特·丢勒（Albrecht Dürer）为推广阿尔伯蒂的理论所作的贡献就可以确认这一点。在《论绘画》发表90年后，即1525年，丢勒出版了一部自己的著作，名为 *Underweysung der Messung, mit dem Zirckel und Richtscheyt*（《关于如何用圆规和直尺进行测量的指南》）[2]。这部著作包含一些版画，而在1538

1　L. B. Alberti，*De la peinture*（1435），trad. fr. J.-L. Schefer，Paris，Macula Dédale，1992，Livre I，§ 19，p. 115.

2　A. Dürer，*Géométrie*（1525，1538²），trad. fr. J. Peiff er，Paris，Seuil，1995.

年的第二版中，作者又做了些增补，其中一些版画展示了画家如何利用一种名为“丢勒之窗”（fenêtre de Dürer）的特殊工具绘制透视画。就我们目前关注的问题而言，有一张版画特别重要，在这幅画中我们能看到艺术家僵硬的姿势与模特因欲望而扭曲的身体之间的分离与对立。

版画《绘制躺卧女性的画家》（阿尔布雷特·丢勒，1538）
来源：Photo © RMN-Grand Palais（musée du Louvre）/ Tony Querrec

不过，阿尔伯蒂的表述如此重要，以至它不仅定义了一种理解画作的方式，而且从更普遍的角度讲，这种表述延续了“眼睛是灵魂之窗”[1]这一古老隐喻，并将其提升为一种视觉“模型”（modèle）[2]，正如我在前一章

1 H. Belting，«La fenêtre et le moucharabieh：une histoire de regards entre Orient et Occident»，éd. E. Alloa，*Penser l'image*，Dijon，Les presses du réel，2010，p. 146.

2 H. Belting，«La fenêtre et le moucharabieh：une histoire de regards entre Orient et Occident»，E. Alloa（éd.），*Penser l'image*，Dijon，Les presses du réel，2010，p. 145. 另外，麦克卢汉（McLuhan）也强调：“所有的文化和时代都有其偏爱的感知与认知模型，它们倾向于将这些模型强加于所有人。”参见 M. McLuhan，*Pour comprendre les medias. Les prolongements technologiques de l'homme*（1964），trad. fr. J. Paré，Paris，Seuil，1968，p. 23.

的最后几页中所说的，这是一种看待世界的特定方式。根据这种方式，我们仿佛透过一扇窗户看世界。正是这个“透过”（拉丁词 perspectiva 的前缀 per- 表示“透过”），成为欧文·潘诺夫斯基（Erwin Panofsky）在评论阿尔伯蒂观点时所强调的重点，尽管他对这一表述在语言学上的精确性提出了一些保留意见。[1]

画作《沉思中的哲学家》（伦勃朗·凡·莱因，1632）
来源：Photo © RMN-Grand Palais（musée du Louvre）/ Hervé Lewandowski

从阿尔伯蒂开始，窗户成为现代社会采用的作为视觉模型的装置，这种模型决定了我们看待世界的方

1 E. Panofsky，*La perspective comme forme symbolique et autre essais*，trad. fr. sous la direction de G. Ballangé，Paris，Minuit，1975，p. 37 et p. 39，note 2.

式[1]。如马克·里希尔（Marc Richir）[2]所说，在1641年出版的《形而上学沉思录》（*Méditations métaphysiques*）的第二个沉思里，笛卡尔倾向于把目光从窗户上移开，就像伦勃朗在1632年的画作《沉思中的哲学家》（*Philosophe en méditation*）中所描绘的那样。但是，笛卡尔之所以这样做，正是因为——如他自己所说——“我只是通过心中的判断能力，才明白了我以为是用眼睛看到的东西”[3]，而这些东西正是他透过窗户看到的。因此，我们可以说，笛卡尔式心灵的判断能力依然是一种透过窗户来看的视觉[4]。

在里希尔看来，胡塞尔的态度也没有太多不同：“对他来说，世界是一幅在窗框中裁剪出来的画面。”[5]

简言之，在我们所说的“现代”时期，哲学与绘画联合起来，将窗户这种“装置”确立为我们看待世界方式的模型。

---

1 关于这一点，可以参见 G. Wajcman，*Fenêtre: Chroniques du regard et de l'intime*，Lagrasse，Verdier，2004. 另外还可以参见 L. Charbonnier，*Cadre et regard: Généalogie d'un dispositif*，Paris，L'Harmattan，2007. 特别是 «Cadre et fenêtre，un dispositif pour la vision»，p. 73 *sq*.

2 M. Richir，«La Défénestration»，*L'Arc*，pp. 31-42.

3 R. Descartes，*Méditations métaphysiques*，chronologie，présentation et bibliographie de J.-M. Beyssade et M. Beyssade，Paris，Flammarion，1979，p. 93.

4 理查德·罗蒂（Richard Rorty）这样解释说：“在笛卡尔的观念中，理智检视的是以视网膜图像为模型的实体。……根据笛卡尔的观念——也就是根据构成‘现代’知识理论基础的观念——存在于‘心灵’中的，是那些表象。”参见 R. Rorty，*L'homme spéculaire*（1979），trad. fr. T. Marchaisse，Paris，Seuil，1990，p. 59，cité par M. Jay，«Les régimes scopiques de la modernité»（1988），trad. fr. M. Albaret，*Réseaux*，1993，vol. 11，n° 61，p. 102.

5 M. Richir，«La Défénestration»，*L'Arc*，p. 32.

装置与历史性

在这个基础上，我们不应该再像本雅明那样把“装置”仅仅理解成一种技术系统（système technique），或者一种设备（Apparatur）[1]。我们更应该像福柯那样首先把它理解为一种“网络”（réseau）[2]，就像他在解释“性”（sexualité）的时候所说：这种网络“能够将多种现象联系起来……这些现象看似彼此不同且相距遥远，具体包括：行为、感觉、图像、欲望、本能、激情”[3]。同样，吉尔·德勒兹也强调，这种意义上的装置不仅与陈述有关，还与可见性本身有内在关联。下面这段德勒兹的话与我们正在讨论的话题关系密切，且极具启发性：“装置……是让事物可见和可言说的机器。可见性并不是指一般意义上的光线照亮已存在的物体，可见性其实是由光线组成，这些光线形成了与装置密不可分的可变形象。每种装置都有其光线的政体，光线如何落下、模糊和扩散，如何分配可见的和不可见的，如何使得缺少光线就不复存在的物体诞生或消失，每种装置都有其独有的方式……如果说装置具有历史性，那就是光

---

1 W. Benjamin, *L'œuvre d'art à l'époque de sa reproductibilité technique*, trad. fr. M. de Gandillac revue par R. Rochlitz, Paris, Gallimard, 2008.

2 参见 M. Foucault, «Le jeu de Foucault»（1977）, dans *Dits et écrits 1954-1988*, vol. IV: 1976-1979, éd. D. Defert et F. Ewald avec la collaboration de J. Lagrange, Paris, Gallimard, 1994, p. 299.

3 M. Foucault, *L'usage des plaisirs*, Paris, Gallimard, 1984, vol. 1, p. 43.

线政体的历史性，同时它也是陈述政体的历史性。”[1]

谈论装置的历史性，实际上与谈论装置所促成的“环境”（milieux）的历史性是息息相关的。在《机械复制时代的艺术作品》中，本雅明用“媒介”（médium）描述这种环境，并且明确指出：“感知的运作方式——感知发生所借助的媒介——不仅取决于人类本性，而且也取决于历史。”[2] 这一观点使本雅明能够进一步阐明他在前一句中所强调的我们感知世界方式的历史性：“在漫长的历史长河中，随着人类群体整体生存方式的变化，他们的感知方式也发生改变。”[3]

在接下来的论述部分，本雅明将我们感知的历史性以及感知赖以发生的媒介的历史性与另外一种鲜为其他学者所关注的历史性联系起来。这种历史性与欲望相关：“现代大众有让事物更加接近自己的强烈欲望（désir），这和他们通过接受物体的复制品而破除物体唯一性的倾向一样强烈。”[4]

通常情况下，欲望的历史性并不像我提到的其他形式的历史性那样受关注，它与其他历史性的内在联系也经常被忽略。因此，我认为强调这一点尤为重要——特

1 G. Deleuze, «Qu'est-ce qu'un dispositif?» (1989), dans *Deux régimes de fous. Textes et entretiens 1975-1995*, éd. D. Lapoujade, Paris, Minuit, 2003, p. 317.

2 W. Benjamin, *L'œuvre d'art à l'époque de sa reproductibilité technique*, trad. fr. M. de Gandillac revue par R. Rochlitz, Paris, Gallimard, 2008, p. 16.

3 W. Benjamin, *L'œuvre d'art à l'époque de sa reproductibilité technique*, trad. fr. M. de Gandillac revue par R. Rochlitz, Paris, Gallimard, 2008, p. 16.

4 W. Benjamin, *L'œuvre d'art à l'époque de sa reproductibilité technique*, trad. fr. M. de Gandillac revue par R. Rochlitz, Paris, Gallimard, 2008, p. 17.

别是我们还看到，在 20 世纪 70 年代的法国，后结构主义对现象学的批判往往是通过强调欲望相对于知觉的首要地位展开的，仿佛两者可以彼此独立存在。然而，在本雅明看来，知觉只有在媒介以及欲望发生变化的时候才会改变，反之亦然。而且，这种欲望的历史性也必然和德勒兹所说的“光线政体”的历史性——可见与不可见之间相互关系的历史性——紧密关联。换句话说，欲望的历史性与可见性的历史性是一体的。我们的时代希望实现一种“无剩余”的可见性，同时持有“绝对”透明性的意识形态（这种绝对透明性是不太可能实现的）[1]。这种意识形态同时也激发了一种破坏图像的对抗性运动[2]。同时，这种意识形态和这种破坏图像的运动，二者都在权力关系层面具有明显（且令人不安）的影响。

我想将德勒兹提出的一个观点与这一系列元素关联起来，他认为：“我们生活在一种关于思想的图像中，也就是说，在思考之前，我们对‘思考’的意义、手段和目标有一个模糊的想法。”[3]

1 “观看的欲望转变成观看一切的意志。”参见 G. Wajcman，*L'Œil absolu*，Paris，Denoël，2010，p. 13.

2 参见：M. Carbone，*Être morts ensemble*，Genève，MētisPresses，2013，pp. 113-122.

3 G. Deleuze，*Sur Nietzsche et l'image de la pensée*（1968），propos recueillis par J.-N. Vuarnet，dans *L'île déserte. Textes et entretiens 1953-1974*，éd. D. Lapoujade，Paris，Minuit，2002，p. 193. “思想的图像”（L'image de la pensée）是 *Marcel Proust et les signes* 一书（第一版）结论部分的标题，也是 *Différence et répétition* 一书其中一章的标题。

换句话说，对德勒兹而言，我们生活其中的文化将一种图像传递给我们，而我们的思考过程受到这样一种图像的制约。这种讨论是否同样适用于“观看”的过程？也就是说，如果按照德勒兹的观点，我们预先拥有某种关于思想的图像，它在相应的历史时期制约了我们的思维方式，那么我们是否可以补充说，我们同样拥有某种关于视觉的图像，即一种关于我们如何观看的图像，这种图像也制约了我们的观看方式。这正是我将要提出的观点之一。我的论述不仅试图表明，在人类历史的进程中，“观看”与“观看的欲望”会同时发生变化。我还想进一步表明，在西方历史的不同阶段，不同的“观看图像”占据主导地位。同时，每个时代往往会选定某种光学装置，作为该时代我们“如何观看”的模型。换句话说，每个时代都会根据其最终选择作为模型的光学装置的特性，构想人类观看世界的方式，而现代恰恰选择了窗户作为其模型。

显然，这并不否认某些光学装置的特性能够从一个时代传递到另一个时代。例如，阿尔伯蒂赋予窗户的四边形形式就是这样一种特性。他将窗户视为基于文艺复兴透视法法则的绘画再现模型。无须过多强调，我们也知道，这种四边形形式（特别是矩形形式）至今仍然被各种图像所采用，因此也被生产和复制图像的各种装置所采用。这种形式如此具有统治力，以至它看起来好像是理所当然的，但实际上，它是一种非常特殊的“文化建构”[1]。显然，这种文化建构可以追溯到文艺复兴的透视法。根据这种方法，绘画表面被设想为观众视觉锥体的垂直截面，或者用阿尔伯蒂的话来说，这是一个与锥体相交的“面纱”（voile）[2]。然而，在探寻这一形式的历史渊源时，不能仅止步于此[3]。

艺术史家丹尼尔·阿拉斯（Daniel Arasse）在援引前述阿尔伯蒂关于窗户的讨论时，将拉丁文“contueatur”更加精准地翻译为“contempler”，而不是我引用的法译中的“regarder”一词。随后，他补充道：“comptempler（凝视）这个词一直让我着迷，它的逻辑特别严谨，因为 comptempler 中有一个 temple（神庙），而人们所凝视的 templum（神庙），起初是罗马占卜师用木棒圈定的一块方形或矩形天空。他们等候并观察鹰如何穿过这个区域，然后根据鹰的飞行方向、数量以及速度做出各种各样对应的解读。”[4]

---

1 L. Charbonnier, *Cadre et regard: Généalogie d'un dispositif*, Paris, L'Harmattan, 2007, p. 19.

2 L. B. Alberti, *De la peinture*（1435）, trad. fr. J.-L. Schefer, Paris, Macula Dédale, 1992, Livre II, § 31, p. 147.

3 在被视为经典的著作《新媒体的语言》（*The Language of New Media*）中，列夫·马诺维奇同样强调了这种连续性的元素，这种连续性将电脑屏幕、电影屏幕和阿尔伯蒂式的窗口联系在一起，参见 L. Manovich, *Le langage des nouveaux médias*, trad. fr. R. Crevier, Dijon, Les presses du réel, 2010, p. 181. 但是，马诺维奇并未进一步追溯其更早的历史。实际上，他将这三种情形视为“屏幕谱系”不同阶段的例子，而屏幕在他看来是“一个相当引人关注的现象”，是“现代视觉文化”的特征（第 204 页）。

4 D. Arasse, *Histoires de peinture*, Paris, France Culture/Denoël, 2004, pp. 63-64.

基于此，阿拉斯指出，“comptempler 这个词的本义是划定一片区域，最初是一片天空，然后是地上的神庙，接着引申到绘画领域，成为阿尔伯蒂所说的四边形窗户，这个四边形构成了绘画的 templum，即人们凝视画面构图的神庙。”[1]

阿拉斯指出的语言层面的联系，揭示了罗马占卜师与阿尔伯蒂做法间的连续性，二者都划定了一个“矩形”表面，而我们的文化不断地给这种矩形赋予特性，强调它与我们视觉间的特殊关联：“当颜料被涂到由矩形画框框定的画布表面时，从颜料管中挤出的作为材料的颜料就变成了别的东西：意义的载体、艺术的对象、欣赏与质疑的对象。颜料不仅仅是颜料，人们在其中加入了一些别的东西，他们将想象和象征注入现实。当画家用蘸满颜料的画笔在画布上作画时，他留下了一些需要猜测的痕迹。”[2]

然而，这些观点并不试图将画布与电影屏幕对立起来，相反，本雅明在说画布“邀请观众进行凝视”时是希望将二者区分开的。实际上，屏幕（包括电影屏幕）也是一个被人们赋予特性，同时与我们的视觉存在特殊关联的四边形表面。在这些特性与关联中，我们似乎可以找到阿拉斯追溯到罗马占卜师时所发现的线索——这

1 D. Arasse, *Histoires de peinture*, Paris, France Culture/Denoël, 2004, p. 64.

2 L. Charbonnier, *Cadre et regard: Généalogie d'un dispositif*, Paris, L'Harmattan, 2007, p. 30.

些特性与关联为四边形表面上呈现的内容赋予了超越其单纯外表的价值。就像前文所说的，屏幕所呈现的不只是简单的表面内容。然而，正如乔治·迪迪－于贝尔曼（Georges Didi-Huberman）在讨论“灵晕”（aura）这一概念时所提示的，我们必须进一步明确，屏幕所激发的凝视不同于绘画画布所激发的那种凝视[1]。举例来说，有关屏幕的凝视不会因为视觉冲击而彻底中断，而且“崇拜”（culte）这个要素在这种凝视中也以不同的方式发挥作用。正如我们在下一章将要看到的，这种凝视同时承诺和威胁着一种前所未有的沉浸感。这样一种凝视依然是可能的，但是它更加不稳定地平衡于以下两个方面（正如我之前所说，主动与被动之间的界限变得不再分明）：一方面，它引发我们的关注；另一方面，它让我们被屏幕作为“对象 a”的目光所困惑，从而让我们震惊，而这些屏幕正不断在我们周围蔓延扩散。

此外，需要补充的是，将某个空间赋予一种与真理的特殊联系的做法，似乎远比 templum 的建立更

1　于贝尔曼说：“我们都知道，本雅明说到现代社会中灵晕的消逝（déclin de l'aura），但是消逝（déclin）在他那儿并不就是意味着消失（disparition），它更多意味着：一次向下的迂回、一种倾斜、一次偏离、一种新的转折。”参见 G. Didi-Huberman，*Devant le temps. Histoire de l'art et anachronisme des images*，Paris，Minuit，2000，p. 234. 在我看来，屏幕在我们这儿引发了一种不同的凝视，而不是无法产生凝视，这一观点似乎得到了爱德华·凯西的支持，后者指出：“我的目光是投向凝视行为本身，而非其对象。”参见 E. S. Casey，*The World at a Glance*，Bloomington et Indianapolis，Indiana University Press，2007，p. 133. 因此，其对象可以是静态图像，也可以是动态图像。

加古老。首先，这种做法可以追溯到古希腊人称为 ἕδρα 的概念，在埃斯库罗斯（Eschyle）的《阿伽门农》（*Agamemnon*）中，ἕδρα 表示一个非常类似阿拉斯笔下罗马占卜师工作的地方，即用于观察鸟类的神圣场所。[1] 进一步说，这种做法还可以追溯到 τέμενος 一词，意思是“围起来的神圣场地”，这个词起源于动词 τέμνω，意思是“分割”（couper），而这个动词很可能也是 templum 一词的起源。[2] 不过，如果更深入地探究，我们还可以发现，这种赋予某个空间与真理优先关系的做法，也体现在毕达哥拉斯（Pythagore）从祭祀传统继承而来的帷幕之中。这种帷幕用于将那些有权看见他的人和那些只能听到他说话的人分隔开。[3] 当然，在毕达哥拉斯眼中，帷幕并不像 templum 那样直接为可见者赋予超越性意义，而是禁止人们看到可见者。当然，我们可以说，帷幕通过禁止人们看到可见者而赋予其超越性意义。

但是，如果我们一直往前追溯利奥塔所说的“一般

1　参见 Eschyle，*Agamemnon*，v. 117. 关于这一点，也可以参见 Euripide，*La Folie d'Héraclès*，v. 596.

2　“Templum 与希腊语 τέμενος 是同一个词，来源于动词 τέμνω（意为‘分割’），因为根据塞尔维乌斯（Servius）的解释（*Ad Aen.* I 446），templum 是任何被占卜者通过庄严仪式划定并与其他土地分割开的地方。”参见 W. Smith，*A Dictionary of Greek and Roman Antiquities*（1875），Cambridge，Cambridge University Press，2013，«*templum*». 关于 templum 这个词的不同含义，参见 Varron，*De la langue latine*，VII 2.

3　参见 Jamblique，*Vie pythagoricienne*，71-3.

意义上的镜面结构”，究竟能追溯到什么时候呢？根据梅洛-庞蒂的观点，我们可以追溯到大约17000年前。他在《眼与心》中写道：“从拉斯科洞穴到今天，无论是纯粹的或是混杂的，无论是具象的或非具象的，绘画从未颂扬过除了可见性的其他谜题。”[1]然而，梅洛-庞蒂当时并不知道1994年在法国发现的肖维岩洞（Grotte Chauvet），里面的壁画让人叹为观止。据推测，这些壁画“比拉斯科的壁画还要早14000年”[2]，它是欧洲最古老的洞窟壁画之一。当我们提及这些壁画时，很难仅仅用“绘画”或“可见性”这样宽泛的概念来描述。这些壁画往往画在洞穴最黑暗而非最明亮的区域，古人举着火炬欣赏这些壁画时，跃动的火光会将影子的动态投射于岩壁上；在绘画或雕刻前古人会把岩壁刮白，利用岩壁的自然形态赋予壁画三维立体感。壁画中动态的形象与敲击岩石产生的回声创造出伴奏的效果——所有这些因素都表明，古人在这个洞穴中进行的是一种复杂的集体创作，目的是创造和欣赏动态的影像。这些特征甚至让沃纳·赫尔佐格（Werner Herzog）认为肖维岩洞

1 M. Merleau-Ponty，*L'œil et l'esprit*，Paris，Gallimard，p. 78.

2 A. Rieber，*Arts et mythes des origines. Vingt ans d'interprétations de l'art parietal paléolithique depuis la découverte de la grotte Chauvet*，«Les Cahiers du Musée National d'Art Moderne»，n° 126，consacré à «Préhistoire et Modernité» et dirigé par R. Labrusse et M. Stavrinaki，hiver 2013-2014，p. 83.

“几乎是一种原始形态的电影”[1]，而马克·阿泽马（Marc Azéma）则称之为“真正的电影‘史前史’”[2]。

诚然，肖维岩洞是一种颂扬梅洛－庞蒂所说的“可见性之谜”的努力。但更具体地说，我认为它旨在颂扬图像本身的谜题，以及承载着这种颂扬的表面的谜题。这种表面被限定，并与周围的空间区分开，这正是利奥塔所说的“一般意义上的镜面结构”的表面。参考贝尔纳·斯蒂格勒从德里达那里借用的“元电影”（archi-cinéma）[3]概念，我想将这种表面称为“元屏幕”。它是我们的文化中使展示成为可能的一切条件，这种可能性最初由人类的身体所敞开——只需将身体置于光源与墙壁之间，它就能产生影像，这与老普林尼（Pline l'Ancien）在绘画起源的神话中所描述的情景类似[4]。另外，人们还可

1 W. Herzog, *La Grotte des rêves perdus*（*Cave of Forgotten Dreams*, Canada, USA, France, Allemagne, Royaume-Uni, 2010）.

2 M. Azéma, *La préhistoire du cinéma*, Arles, Errance, 2011, p. 21.

3 B. Stiegler, *La technique et le temps 3. Le temps du cinéma et la question du mal-être*, Paris, Galilée, 2001, p. 24.“元电影”或“意识的电影”（cinéma de la conscience）的概念还是基于这样一种观点，即认为意识在本质上“就已经是电影化的”（第 41 页）。这一表述具有柏格森的影子，具体可参考本书第一部分对此的讨论。

4 参见 G. Pline l'Ancien, *Histoire naturelle*, Livre XXXV, § 151. 关于身体作为原始屏幕（proto-écran）的讨论，还可以参考米歇尔·洛布兰切（Michel Lorblanchet）的研究，他提到“用手作为屏幕引导颜料，通过喷涂技术”创作一些洞穴壁画（M. Lorblanchet, *Art pariétal. Grottes ornées du Quercy*, Rodez, Éditions du Rouergue, 2010, p. 114）。为辅助这一工作，他还提到“使用中心穿孔的皮革（或兽皮）屏幕”，并指出相比“手－屏幕（main-écran），这种屏幕可能会提供更高的精确度”（第 116 页）。因此，我们可以说，这种屏幕像是从手－屏幕延伸出来的一种义肢。关于“义肢”的讨论，可参考本书的最后一章。

以在身体表面装饰铭文、图案、颜色或文身。“元屏幕”还包括洞穴岩壁、墙壁、帐篷、镜子、纱幔（从《圣经》中圣所的纱幔，到阿尔伯蒂画画用的纱幔等[1]）、帷幕、神庙以及阿尔伯蒂式的窗户，等等。这一概念随后延伸至前－电影屏幕和真正的电影屏幕，并在今天扩展到数字屏幕。当然，这份清单并不试图穷尽所有可能性。

我想明确指出，我将“元屏幕”理解为一种“主题”。正如我在其他地方解释过的[2]，这一主题并不是独立于或者先于其“变奏”而存在，这些变奏也不只是从属或者衍生自主题。相反，我认为这一主题是在与其变奏同时形成的过程中产生的，同时它又始终超越这些变奏，因为它无法被简化为这些变奏。主题又与变奏密不可分，它只能伴随着这些变奏的生成以及通过这些变奏本身的生成而生成。因此，“元屏幕”无法被简化为那些在历史上构成其变奏的不同光学装置和（或）视觉媒介的具体特性，尽管这些装置和媒介是这些变奏的决定性组成部分之一。

为了探索“元屏幕”进行展示的可能性条件，在讨论肖维岩洞之后，现在我们有必要分析柏拉图在《理想

1 参见 S. Lojkine，«De l'allégorie à la scène：la Vierge-tabernacle»，dans B. Pérez-Jean et P. Eichel-Lojkine（éd.），*L'Allégorie de l'Antiquité à la Renaissance*，Paris，Champion，2004，pp. 509-531.

2 参见 M. Carbone，*Proust et les idées sensibles*，Paris，Vrin，2008.

国》第七卷中讨论的洞穴比喻[1]。

柏拉图的“元屏幕”

在洞穴比喻中，柏拉图提到了“洞穴后壁”（τὸ καταντικρύ，在法文中通常被翻译为 paroi opposée）[2]，它是一个展示投影的屏幕。正是在这个表面上，洞穴中的囚徒看到他们身后物体的影子。柏拉图仅仅提到这面洞壁两次。第二次提到它时，他指出洞穴中人们的声音会引起这个洞壁的回声，从而给人一种这些声音来自洞壁上影子的错觉。[3] 这是柏拉图唯一一次提到这面洞壁不仅再现影子的错觉效果，而且直接促成这种错觉，让人

1　关于柏拉图想象中的洞穴的历史起源，约翰·亨利·赖特（John Henry Wright）的经典文章在我们这一讨论主题的背景下显得尤为有趣，参见 J. H. Wright，«The Origin of Plato's Cave»，in *Harvard Studies in Classical Philology*，vol. 17，1906，pp. 131-142. 赖特推测：“洞穴这一形象不太可能完全来源于想象而未受到任何来自外部的启发，即便想象力在其形成过程中发挥了重要作用。”（第 132 页）随后，赖特进一步探讨了位于希梅特山（Hymette）斜坡上的一处洞穴，这个洞穴靠近瓦里（Vari）村，是奉献给牧神潘（Pan）和宁芙（nymphes）的。1901 年美国考古学家对其进行了详细的考察。赖特指出，这个洞穴具有许多与柏拉图洞穴相似的特征（第 140—141 页对该地点的描述）。根据埃利安（Élien）和奥林匹奥多罗斯（Olympiodore，第 141—142 页）的记载，柏拉图在童年时期曾与父母一起参观过这个洞穴。尽管在这个地方发现的文物年代不可能早于公元前 600 年，但 1901 年考古学家在考古报告里提到的一些内容却令人惊叹：“洞穴中的高台，从多个方面来说，都是这一洞穴最有趣的特征之一……‘可能是举行仪式舞蹈的理想场所，就在潘神的祭坛后面，正如许多浮雕上所描绘的那样。洞穴的昏暗环境和摇曳的灯光使得这一崇拜显得极为神秘而令人印象深刻’。”（第 141 页）

2　参见 Platon，*République*，515 a-b.

3　参见 Platon，*République*，515 b.

们以为这些影子就是真正的“感性现实”[1]。

与这面洞壁相对的是另外一面墙，柏拉图称之为 teikhíon，这个词通常是指沿着道路修建的矮墙。[2] 在柏拉图的洞穴比喻中，这面墙是用来遮挡那些把木偶举到矮墙上方的表演者，就像在木偶戏表演中那样。根据柏拉图的描述，teikhíon 的功能类似于 paráphragma，即诸如护栏或城墙那样的防御性结构[3]。在洞穴中，表演者将木偶举过一面矮墙，以便给囚禁者展示木偶的影子[4]。另外，paráphragma 这个词（特别是其复数形式 paraphrágmata）和动词 phrássō 词根相同，后者的意思是“围住，保护，因而带有防御、护卫和加固的含义”[5]。因此，在柏拉图的文本中，paráphragma 非常接近“屏幕”（écran）一词的原始含义，这个词从 13 世纪末就指称提供庇护、保护或遮掩的事物[6]。然而，正如我之前提到的，马诺维奇在其“屏幕谱系”中并没有提到这

1 “柏拉图……指出了通过回声创造一种有声影子戏的可能性，而通常这是靠配音实现的。”参见 C. Eizykman，G. Fihman，«L'œil de Lyotard，de "L'acinéma" au postmoderne»，dans C. Amey，J.-P. Olive（éd.），*À partir de Jean-François Lyotard*，Paris，L'Harmattan，2000，p. 128.

2 参见 Platon，*République*，514 b.

3 参见 H. G. Liddell，R. Scott，H. S. Jones，*A Greek-English Lexicon*，Oxford，Clarendon Press，1940，«παράφραγμα».

4 参见 Platon，*République*，514 b.

5 参见 H. G. Liddell，R. Scott，H. S. Jones，*A Greek-English Lexicon*，Oxford，Clarendon Press，1940，«παράφραγμα» et «φράσσω».

6 参见 L. Brown（éd.），*The New Shorter Oxford English Dictionary*，Oxford，Clarendon Press，1973，«screen». 我将在本章第五段中回顾这一点以及关于该词的一些其他历史要点。

一意义。

在此基础上，我们也可以把这面矮墙（teikhíon）视为一个屏幕，因为它具有掩护（protège，来自拉丁语 pro-tegĕre，意思是“在前方覆盖”）功能，能够挡住洞穴中那些举着木偶进行表演的人，不让他们的影子被投射到对面的洞壁上。基于这一点，我们也能发现，teikhíon 具有选择的功能，即它决定了哪些内容应该被展示在对面的洞壁上，哪些内容应该向囚徒隐藏。

因此，在柏拉图的洞穴比喻中，“洞穴后壁”（τὸ καταντικρύ）并不是唯一值得考虑的屏幕。当然，作为影子投射过去的地方，它的作用一眼就能看出来。但是，通过更深入的解读我们就可以发现，teikhíon 发挥了双重功能，一方面它挡住并掩护那些表演者，另一方面它又选择了何者应当被展示出来，而隐藏和展示都是“元屏幕”的特性。最后，希腊语中的 paráphragma 这个词无疑让人联想到古法兰克语中的动词 skĭrmjan，这个词正是“屏幕”（écran）一词的词源。

所以，我认为柏拉图的洞穴比喻向我们展示了“元屏幕”的两种基本可能性，即作为“遮蔽的表面”的屏幕和作为“展示的表面”的屏幕。这两者无论是从历史层面说还是从逻辑层面说，都不能被简单地对立或分开。这一点同样适用于影子这一形象，柏拉图描述的两类屏幕共同促成了影子的展现，换句话说，影子的呈现离不开“负屏幕”（écran négatif）与“正屏幕”（écran positif）之间的配合，前者作为遮蔽的表面阻挡了光源并产生了影子，后者作为展示的表面呈现了影子。

不过，除了共同促成影子的呈现（这一点具有奠基性价值），即使分别考虑“负屏幕”和“正屏幕”，它们也都作为与周围空间分隔开的表面，建立了与周围空间的特殊关系，同时也为“第三极”（un troisième pôle）的可能性奠定了基础。在视觉的例子中，这种关系通常被描述为前景和背景之间的相互关系，正如格式塔理论所说明的那样：前景和背景彼此依赖，一个是另一个的可见性基础，并共同为第三极的“视点”（point de vue）奠定了基础。在这个意义上，元屏幕构成了使视觉成为可能的褶子（pli）的一部分，这种褶子同时生成了可见的前景、不可见的背景，以及观察者。

作为既遮蔽又展示的表面，元屏幕极大影响了它所关联的空间。因此，无论是以“遮蔽”还是“展示”的方式，元屏幕都不仅仅呈现自身，它通过超越自身进行展示。在这个意义上，元屏幕是一种“超越的屏幕”（écran excédant）。它以多种方式激发我们的欲望，向我们承诺“永远‘还有别的东西可以看’”[1]，正像梅洛－庞

1 M. Merleau-Ponty, *Phénoménologie de la perception*, Paris, Gallimard, 1945, p. 384.

蒂所写的那样。这难道不是对本书第一部分中利奥塔提出的问题的回答吗？这个问题就是“为何一般意义上的镜面结构……会成为力比多优先倾注的场所”。

当然，元屏幕能以不同的方式展示相关空间的超越性特征：元屏幕可以划定相关空间的边界，也可以覆盖在该空间上，或者将两种方式结合起来。在第一种情况下，元屏幕是以积极的方式影响其所划定的空间，而在第二种情况下，空间以消极的方式被影响，因为我们是被禁止看它的。事实上，禁令本身就是与被禁止事物建立联系的一种方式，因此也是一种超越禁令的手段，就像“否定神学”（théologie négative）所说的那样。另外，弗洛伊德所说的无意识“否定”也说明了这一点，他在一段著名的分析中描述了一位病人说的话：“你问我梦中的这个人是谁？不是我母亲。”对此，弗洛伊德纠正道：“所以这就是他的母亲。”[1]

前文我们还提到了毕达哥拉斯的帷幕，这也是一个通过否定的方式进行呈现的例子。另外，西方文化中还有一个具有奠基性价值的元屏幕主题的变奏，即伊西斯的面纱（le voile d'Isis）[2]。正是因为其否定性特征，它被康德视为崇高式表达（expression sublime）的典范。如

1 S. Freud，«La négation»（1925），trad. fr. J. Laplanche dans *Œuvres complètes*，vol. XVII（1923-1925），*Autoprésentation, inhibition, symptôme et angoisse. Autres textes*，Paris，P. U. F.，1992，p. 167.

2 关于这一主题的论述，参见 P. Hadot，*Le voile d'Isis. Essai sur l'histoire de l'idée de Nature*，Paris，Gallimard，2004.

康德本人所言：“伊西斯（自然之母）的神庙中有这样一段铭文——‘我是所有此刻存在、曾经存在和将要存在的事物，没有一个凡人能够掀起我的面纱’，或许人们绝无可能说出比这更加崇高的话，也绝无可能以更加崇高的方式表达一种思想。”[1]

最早记录这段铭文的经典文本之一是普鲁塔克（Plutarque）所写的《论伊西斯与奥西里斯》（*De Iside et Osiride*）[2]。在这部著作中，伊西斯的面纱被描述为“多彩的（multicolore），因为伊西斯的力量与物质有关，而物质会变成一切，也能接纳一切……”[3] 正如普鲁塔克所说的那样，伊西斯的面纱能够显示出自然之母的真实本质——这是一种始终处于变化生成过程中的本质，就像图像的本质一样——而这恰恰是因为面纱从未被掀开过。[4]

普鲁塔克所谈论的主题，在 19 世纪之后被梅洛 – 庞蒂理论化。当谈论普鲁斯特时，梅洛 – 庞蒂提到了本书第一部分所讨论的“感性理念”。这些理念宛如存在

1 I. Kant，*Critique de la faculté de juger*（1790），trad. fr. A. Philonenko，Paris，Vrin，1993，§ 49，p. 217，note 1.

2 “在塞易斯（Saïs），被人们当成伊西斯的那座雅典娜（Athéna）坐像上，刻有这样的铭文：‘我是所有此刻存在、曾经存在和将要存在的事物，没有一个凡人能够掀起我的面纱。’” 参见 Plutarque，*Œuvres Morales, Isis et Osiris*，éd. et trad. par C. Froidefond，Paris，Les Belles Lettres，1988，9，354 C，p. 184.

3 Plutarque，*Œuvres Morales, Isis et Osiris*，éd. et trad. par C. Froidefond，Paris，Les Belles Lettres，1988，77，382 C，p. 247.

4 Plutarque，*Œuvres Morales, Isis et Osiris*，éd. et trad. par C. Froidefond，Paris，Les Belles Lettres，1988，9，354 C，p. 184.

于我们经验深处的核心本质，但它们只能在类似的经验中才会得以体现，而不能被任何概念所定义。正是在讨论我们认知中的这种特殊动力机制时，梅洛－庞蒂明确表示："此处……没有屏幕就没有视觉。"[1]这句话的含义与普鲁塔克的想法不谋而合，他们都认为正是"屏幕"使得视觉成为可能。不过在我看来，这里所说的屏幕应当指向"元屏幕"，而非某种特定类型的屏幕。实际上，只要我们仔细阅读就会发现，梅洛－庞蒂实际上指向了一种存在于我们经验之中的"元屏幕特性"（caractère archi-écranique），他在接下来的这句话中表明了这一点："我们所谈论的那些理念，如果我们没有身体和感知能力，就无法更好地认识它们。在那种情况下，这些理念对我们来说将完全不可接近。"[2]在这段话中，我们可以发现，我们经验的"元屏幕特性"关联于我们的身体。我们的身体被视为一个处在感性世界之中的空间，它不仅是感性世界的一部分，而且能够截取和捕捉感性本身，从而使我们能够认识感性和超出

1 M. Merleau-Ponty，*Le visible et l'invisible*，texte établi par C. Lefort，Paris，Gallimard，1964，p. 196.

2 M. Merleau-Ponty，*Le visible et l'invisible*，texte établi par C. Lefort，Paris，Gallimard，1964，p. 196. 我们的身体经验以及感性经验所具有的元屏幕特性似乎也在康德的观点中得到了体现，康德写道："美的价值仅适用于人类，也就是说，适用于具有动物性但同时具有理性的存在者。美的价值不仅仅因为人类是理性的存在（例如具有理智），还因为他们同时具备动物性。"参见 I. Kant，*Critique de la faculté de juger*（1790），trad. fr. A. Philonenko，Paris，Vrin，1993，§ 5，pp. 71-72.

感性的部分。[1]

正如我们所看到的，元屏幕本身会以积极或消极的方式，将与其关联的空间所具备的“超越性特征”（le caractère excédant）展示于我们眼前，从而为该空间与世界之间相互关系的呈现奠定了基础，而这种呈现同样也会带有或积极或消极的倾向。从这个意义上说，我们不仅可以断言“没有元屏幕就没有视觉”，而且还可以进一步强调说，由于元屏幕的“超越性特征”，它呈现为一种建立关系的表面（une surface instituant des relations）。

也正是由于这种超越性特征，元屏幕强调了我们与世界的感性联系中关于“想象力”（imagination）[2] 的一面。我想提示大家的是，除了视觉，还有其他方面与想象力存在关联，只是这里先选取视觉作为典型例证进行说明。如果的确像我所主张的“没有元屏幕就没有视觉”，那么元屏幕不仅使视觉的直接力量成为可能，

1 安娜·卡特里娜·达尔马索（Anna Caterina Dalmasso）在她精彩的博士论文 *Le corps c'est l'écran. La philosophie du visuel de Merleau-Ponty* 中发现梅洛－庞蒂将身体解释为“一种对于空间的划分：就像古罗马鸟占（augure romain）过程中划定一个神圣而有意义的范围，于是有机体定义了一座神庙，其中发生的事件具有了有机的意义（signification organique）”，见 Merleau-Ponty，*La Nature. Notes. Cours du Collège de France*，éd. D. Séglard，Paris，Seuil，1995，p. 195，cité par A. C. Dalmasso，*Le corps c'est l'écran. La philosophie du visuel de Merleau-Ponty*，Thèse de Doctorat en Philosophie，Université Jean Moulin Lyon 3 en cotutelle internationale de thèse avec l'Università degli Studi di Milano，2015，p. 31.

2 我在《普鲁斯特与感性观念》一书中将这种想象力（imagination）定义为“记忆女神（Mnèmosynè）”，参见 M. Carbone，*Proust et les idées sensibles*，Paris，Vrin，2008，p. 165.

而且还开启了视觉的间接力量或消极力量（pouvoir indirect ou négatif），而这种消极力量正是想象力的构成要素之一。让我们读一读意大利诗人贾科莫·莱奥帕尔迪（Giacomo Leopardi）的诗《无限》（*L'infinito*）[1]。在这首诗中，诗人面对着“树篱”（siepe），即一圈由植物构成的“围栏”（clôture）。我们之前就用 clôturer（围住）这个动词来解释希腊语动词 phrássō 的含义，而 phrássō 非常接近“屏幕”一词的原始含义。在这首诗里，树篱阻碍了诗人的“视线”（guardo），使他无法看到山丘周围的广阔景色。然而，当坐下并凝视（mirando[2]）树篱时，他反而能够在心中想象出“树篱之外无限的空间，以及从未被人类感知过的寂静”[3]。因此，莱奥帕尔迪的这首诗不仅向我们揭示了“没有元屏幕就没有视觉”，还表明了“没有想象力就没有视觉”。如果元屏幕使视觉成为可能，那么它也必然在某种程度上呼

1 关于基于“屏幕”概念（我更倾向于称之为“元屏幕”）的文学研究方法，可以参考斯特凡·洛伊金（Stéphane Lojkine）的研究。他在《再现的屏幕》（*L'écran de la représentation*）一书的“引言”中指出，这种方法“假定从线性和文本化的模型……转向一种空间化和图像化的模型，这种模型将图像相对于语言、媒介相对于能指置于优先地位”。参见 S. Lojkine（éd.），*L'écran de la représentation. Théorie littéraire. Littérature et peinture du 16e au 20e siècle*，Paris，L'Harmattan，2001，p. 37.

2 莱奥帕尔迪使用了阿尔伯蒂在《论绘画》意大利语版本中所用的动词“mirare”，阿尔伯蒂用它来翻译自己在拉丁语版本中用的动词“contueor”。正如我们所知的，阿拉斯曾提出，应该将 contueor 这个拉丁动词的含义理解为“凝视”（contempler）。

3 Y. Bonnefoy，*Keats et Leopardi, quelques traductions nouvelles*，Paris，Mercure de France，2000，p. 43.

唤着想象力的加入。

此外，需要强调的是，视觉与元屏幕之间的不可分离性，在人类文化奠定元屏幕主题的各种史前和历史变体中，分别以不同的方式呈现出来[1]。对于元屏幕的这些不同变体，我将引用梅洛－庞蒂在《眼与心》中关于“想象”的论述来加以说明。梅洛－庞蒂认为，想象是“第一次展露给目光的现实的肉质（la pulpe）或它的肉体内面（l’envers charnel）”[2]。换句话说，在元屏幕的每一种变体中，其所显现的内容总是超越了实际呈现的内容。因此，其显现出来的内容都与真理保持着某种特殊联系。我们也由此可以将元屏幕视作一个专门用于维系这种特殊联系的空间，从这个意义上讲，它是一个神圣场所，至于此处的神圣究竟意味着什么，倒是其次了。

关于这一点，康德在《判断力批判》中提到了对于崇高的“否定性呈现”的一个典型例子，即犹太教的禁令：“你不可为自己雕刻偶像。”[3]（《出埃及记》，20：4）另外，圣保罗提出的“通过可见之物通向不可见之物”

1 威廉·弗卢塞尔警告说，将史前世界纳入“图像的历史”是一种危险的时代错置（anachronisme）。根据他的观点，只有从线性书写（l’écriture linéaire）的出现开始，我们才能真正谈论“图像的历史”。参见 V. Flusser，*Ins Universum der technischen Bilder*（1985），Göttingen，European Photography，1996，p. 17.

2 M. Merleau-Ponty，*L’œil et l’esprit*，Paris，Gallimard，p. 24.

3 I. Kant，*Critique de la faculté de juger*（1790），trad. fr. A. Philonenko，Paris，Vrin，1993，«Remarque générale sur l’exposition des jugements esthétiques réfléchissants»，p. 160.

（per visibilia ad invisibilia）的观念，似乎是典型的天主教思维方式，它将感性世界视为超感性世界的一种积极的、尽管是间接的呈现。

尼采在 1886 年提及普鲁塔克的立场时写道："我们不再相信真理在失去它的面纱之后仍然是真理；我们已经经历得太多，不会再相信这一点。如今，对我们而言，不想窥见完全赤裸的真相、不想参与一切、不想理解并'知道'一切，已经成为一种体面。……或许，真理是一个女人，她有充分的理由不让人看清她？"[1]

尽管尼采的话与普鲁塔克产生了共鸣，但尼采指出他所在的时代是一个观念转变的时期，而这一转变体现在：真理与其面纱之间不可分割的关系揭示了一种全新的思考真理与面纱的方式。那么延续这一思路，或许我们可以将这种观念与即将诞生的电影联系起来。电影作为一种光学装置，恰恰是基于这一观念发展出来的。在本书的第一部分，我们已经注意到这一点，当时梅洛－庞蒂提到"关于光线的新观念"，这一观念与关于真理及屏幕的新观念密切相关，而这些观念正好与电影的兴起交织在一起。然而，我们必须避免再次陷入这样一种误区：将屏幕视为一种单纯的现代现象。进一步深入探究便会发现，人类文化一直在追求某种"元屏幕"的变

1 F. Nietzsche，*Le gai savoir*（1882，1887[2]），trad. fr. P. Wotling，Paris，Flammarion，2000，p. 32.

体，以便人们能看见图像。事实上，在这个意义上，“观看原则上就是观看超出所见的东西”[1]。如此，即使如今许多专家预言屏幕即将消失[2]，但我依然相信，这一预言并不适用于“元屏幕”。

窗户的发明和主体的诞生

现在，让我们回到“元屏幕”的一种变体——阿尔伯蒂的窗户上，并重新思考与之相关的问题：将窗户作为我们观察世界的模型，这究竟意味着什么？首先，它意味着将空间区分为两个部分，即窗户的这一边和窗户的那一边。我在本章的开头指出了这两个部分彼此相对，而且窗户赋予了两边彼此对立的特征。阿尔伯蒂明确提过，只要窗户是打开的，或者至少是透明的，那么窗户这一边就被赋予“观察者”的角色，而窗户那一边则被赋予“被观察者”的角色。所以，将窗户作为我们观察世界的模型，这意味着将视觉理解为一种由以下特性所规定的操作：观察者与被观察对象互相分离，将二者隔开的事物是打开的或者是透明的，观察者与被观察对象在位置上是相对的，并且具有对立的特征。这种对

1　M. Merleau-Ponty, Signes, Paris, Gallimard, 1960, p. 29. 关于这一点及其影响，参见 M. Carbone，*La chair des images: Merleau-Ponty entre peinture et cinéma*, Paris，Vrin，2011，p. 11 *sq*.

2　比如马诺维奇的看法，他认为：“随着虚拟现实的出现，屏幕将彻底消失。”参见 L. Manovich，*Le Langage des nouveaux médias*（2001），trad. franç. de R. Crevier，Dijon，Les Presses du réel, 2010，p. 207.

立表现在：一个是看，一个是被看；一个是这里，一个是那里；一个处在私人领域（domaine privé），一个处在公共领域（domaine public）[1]。这也意味着，从定义上说，观察者是不能被看见的，如果用另一个更传统的对立关系来描述（稍后我会进一步探讨这一点），那就是观察者处在阴影中，而被观察者处在光亮里。[2]

像这样的一种视觉图像，始终伴随着德勒兹所描绘的一种“思想图像”（image de la pensée）：这种图像主导着现代思想，其基本特征在 15 到 18 世纪间被塑造完成，而笛卡尔是其奠基人。就和以窗户为模型的视觉图像一样，这种思想图像也将世界置于一侧，并将其描述为一种“景观”（spectacle），定义成一种“对象”（objet），因为在这种思想图像中，世界“被置于我们对面”，正如“ob-jectum”一词的词源所暗示的。同时，这种思想图像将我们置于另一侧，将我们描述为“观察者”（spectateur），并定义为“主体”（sujet）。正是因为我们与景观分离，所以我们才能对其进行“表象”（représentation），并最终“支撑”（soutenir）其真理性价值，就仿佛我们被“置于其下方”（placés au-dessous），成为其基础。

1 H. Belting，«La fenêtre et le moucharabieh：une histoire de regards entre Orient et Occident»，éd. E. Alloa，*Penser l'image*，Dijon，Les presses du réel，2010，p. 147.

2 参见 G. Teyssot，«Fenêtres et écrans：entre intimité et extimité»，*Revue Appareil* [En ligne]，Articles，Varia，mis à jour le：06/09/2010，http://appareil.revues.org/1005，pp. 1-2.

总之，对于窗户这个装置，我们可以结合当代思想家乔治·阿甘本（Giorgio Agamben）的观点加以理解。他继承了福柯关于“装置”的思考，并指出：“装置必须始终伴随一个主体化的过程。它们必须生产其主体。”[1]

如果从更普遍的角度，并使用现象学的术语来思考，既然意识总是“对某物的意识”，那么它的内在关系性必然包含一种同样内在的（intrinsèque）历史性。因此，作为一种“身体意识”的意识（这正是现象学式的理解），每个时代都会在其与世界及他人的关系中，通过知觉和表达的媒介找到其特定的历史形式。

杰拉德·瓦克曼（Gérard Wajcman）的看法进一步佐证了我们的观点，他指出：“通过划分世界与自我二者各自的领域，窗户的发明可能与主体性的发明有关。”[2]

这个例子说明了以下几个因素之间紧密的交织关系：一种作为基准的光学装置、一种特定的视觉图像、一种特定的思想图像，以及一种“作用于群体或个人的个体化过程（processus d’individuation）”[3]。此处援引了

1 G. Agamben，*Qu'est-ce qu'un dispositif?*（2006），trad. fr. M. Rueff，Paris，Payot & Rivages，2007，p. 27.

2 G. Wajcman，*Fenêtre: Chroniques du regard et de l'intime*，Lagrasse，Verdier，2004，p. 14.

3 G. Deleuze，«Qu'est-ce qu'un dispositif ?»（1989），dans *Deux régimes de fous. Textes et entretiens 1975-1995*，éd. D. Lapoujade，Paris，Minuit，2003，pp. 291-302.

德勒兹的说法，而该表达借自西蒙东。这一个体化过程与阿甘本从福柯处借用的“主体化”（subjectivation）过程不同，特别是 individuation 这一概念避免了再次回归“主体”（sujet）一词，从而规避了对“主体”进行单一化且超历史化（surhistorique）定义的倾向。瓦克曼也提到了这一点，我将在本书的最后再次详细讨论这个问题。

简言之，窗户的例子表明：我们设想的“观看”方式决定了我们设想的“思考”与“存在于世界中”的方式，反之亦然。

屏幕而不是窗户

基于上述思考，我想提出以下问题：我们这个时代作为基准的光学装置是什么？

在我们今天的说话方式中，占据主导地位的视觉图像依然是以“窗户”为模型，人们也常常根据窗户的形象来思考电影[1]，甚至世界上最普及的电脑操作系统 Windows 也呼应了窗户模型。然而，我认为，随着电影兴起而逐渐确立其地位的“屏幕”已经成为我们今天作为基准的光学装置。

值得注意的是，与本雅明类似，阿尔弗雷德·希区

1　参见 A. Bazin，«Théâtre et cinéma»（1951），dans *Qu'est-ce que le cinéma?*，Paris，Cerf，2010，p. 161.

柯克也在其电影《后窗》（*Rear Window*，1954）中尝试将电影和窗户这一光学装置进行了比较。他试图说明：电影的本质在于蒙太奇[1]，因而摆脱了窗户这一装置的结构。电影的主人公杰弗里斯（Jeffries）在他的窗前无法行动，他的状态似乎也影射了电影观众的状态。然而，他最终被卷入了自己所观察的事件之中，甚至这个事件中的主要人物，即杰弗里斯正在揭露的凶手索沃德（Thorwald）最先发现了他，并且随后闯入了杰弗里斯黑暗的私人领地，打破了窗户两侧区域间的区分，最后杰弗里斯这个窗边的观察者被结结实实地丢出窗外（défenestré）。

屏幕与窗户如此不同，所以无论是有意还是无意，它都成为我们当代视觉图像的全新基础。我认为屏幕不仅存在于我们的经验中，也越来越多地存在于我们的语言中，成为我在本书第一部分的后面提到的那种三重关联[2]的交汇点。因此，我深信，研究我们与屏幕之间的关系将帮助我们更好地理解当下我们的观看体验，以及

1　希区柯克在与特吕弗（Truffaut）谈论《后窗》的叙事时，先描述了如下的故事情节，然后就和梅洛－庞蒂一样提到了著名的库里肖夫效应："你能看到一个静止不动的男人，注视着外面。这是影片的第一部分。第二部分展示了他所看到的事物，而第三部分则展示了他的反应。这就是我们所熟知的'最纯粹的电影理念的表达'。"参见 F. Truffaut，*Le cinéma selon Alfred Hitchcock*，Paris，Gallimard，1993，p. 178. 相比之下，窗户这一光学装置只能展示这三个部分中的其中一个。

2　即视觉的历史性、特定时代所采纳并作为视觉模型的光学装置发生的变革，以及欲望层面的变迁，它们彼此交织，构成三重内在关联。——译者注

当下我们的欲望是如何转变的。此外，尽管如今的屏幕与电影之间存在诸多差异，但我依然认为我们对于屏幕的态度发展自电影最初带给我们的启发。[1]

有必要指出，尽管存在这些差异，但正是电影重新组织了黑暗与光明、不透明与透明、空间与观众之间的关系。在这一过程中，法语、英语和意大利语中具有相同词根的用于表示屏幕的词汇逐渐将这种变化记录和固定下来。事实上，我已经指出法语中的“屏幕”一词（与“击剑”escrime 差不多）来源于古法兰克语中的动词 skĭrmjan，后者的意思是“保卫”和“通过战斗来保护”。因此，至少从 13 世纪末开始，écran 就指代一个“被放置在中间的物体，用来遮挡或者保护”[2]。

此外，值得注意的是，正如乔治·阿甘本所指出的那样，但丁（Dante）在大约 1292 年至 1293 年创作的《新生》（*Vita nuova*）一书中，已经使用“屏幕”构建一个“毫无疑问是光学方面的”隐喻。[3] 这种与光学相关的含义在随后的语义演变中并未停止，反而在 19 世纪初得到了决定性的巩固。《牛津英语词典》将“屏幕”

1 相同的看法请参见 A. Friedberg, *The virtual window: from Alberti to Microsoft*, Cambridge（MA）, The MIT Press, 2006, p. 6.

2 参见 *Dictionnaire historique de la langue française*, dir. A. Rey, Paris, Le Robert, 1998, tome II, p. 302.

3 G. Agamben, «Dal libro allo schermo», in *Il fuoco e il racconto*, Roma, Nottetempo, 2014, p. 109. 关于“屏幕”一词发展史的要点综述，参见 F. Casetti, *La galassia Lumière. Sette parole chiave per il cinema che viene*, Milano, Bompiani, 2015, p. 243 *sq*.

（screen）一词的含义追溯到了 1810 年，当时这个词和“幻影表演”（fantasmagorie）有关，这种表演就是用一种魔法灯笼（lanterne magique）将运动图像投射到一块半透明屏幕上。埃尔基·胡塔莫（Erkki Huhtamo）在他的《屏幕学要素》（*Elements of Screenology*）中指出，这一用法的出现标志着屏幕的含义“从家庭空间转向公共娱乐世界”。[1] 这种向公共娱乐领域的转向也进一步加强和明确了在法语、英语和意大利语中“屏幕”一词所具有的模糊内涵，即屏幕既遮蔽又展示。[2]

屏幕进入了公共娱乐世界，这不仅仅是一个语义层面的变化，更是空间层面的转变。屏幕在这个过程中仍然保留着其作为保护性表面的特性，因为它挡住了魔法灯笼，不让观众看到，因此隐藏了产生图像的光源以及相应的机械装置。另外，正是通过这种遮蔽，屏幕反而让机械装置的效果更加具有戏剧性。埃尔基·胡塔莫指出，这种隐藏与展示的模糊性在其他一些屏幕实践中也

1 参见 E. Huhtamo，«Elements of Screenology：Toward an Archaeology of the Screen»，*Iconics: International Studies of Modern Image*，Tokyo，The Japan Society of Image Arts and Sciences，2004，vol. VII，p. 35.

2 “这种模糊性在德语中就不存在，德语中的 Abschirmung（遮蔽）在意义上接近 Wand（墙壁），但是与 Schirm 不同。Schirm 与英语中的 screen 和法语中的 écran 接近，指的是具有保护功能的物体。然而，德语中的一些复合词，比如 Leinwand（直译为‘亚麻布做成的墙壁’，指画布、帆布、幕布等）以及 Bildschirm（屏幕、荧幕，其中的 Bild 指‘图像’），则具有类似的过渡性含义。”参见 *Dictionnaire historique de la langue française*，dir. A. Rey，Paris，Le Robert，1998，tome II，p. 303.

能看到，比如影子戏（théâtre des ombres）[1]。我们已经在柏拉图的洞穴比喻中看到一种影子戏。胡塔莫指出，影子戏在 17 世纪和 18 世纪的欧洲非常流行，而且其表现手法正是依靠上述屏幕既遮蔽又展示的模糊性。在这种经典的影子戏中，“观众坐在屏幕前面，而表演者则在屏幕后方，位于屏幕与光源之间。观众只能看到屏幕上移动的影子，而看不到产生这些影子的‘机械装置’”[2]。

而随着电影装置的发展，“屏幕”这一词语的含义逐渐发生改变。确切地说，在这个发展过程中，我们刚刚讨论的这种“遮蔽与展示之间的模糊性”逐渐消失。因为这一术语所指代的“表面”逐渐不再“保护”产生图像的光源免受观看者的注视，换句话说，这个术语所指的“表面”逐渐不再将这一侧的空间与另一侧的空间隔开，而在传统的形而上学观念中，另一侧的空间通常被认为是保护着这一侧空间背后的真理。正是基于这一逻辑，我认为我们今天对屏幕的体验实际上来源于电影给我们的启发。

让我们详细分析这个问题。我们知道，阿尔伯蒂的窗户模型预设了一侧空间与另一侧空间之间的分离与对

1 “影子戏”在中国一般被称为“皮影戏”。——译者注

2 参见 E. Huhtamo，«Elements of Screenology：Toward an Archaeology of the Screen»，*Iconics: International Studies of Modern Image*，Tokyo，The Japan Society of Image Arts and Sciences，2004，vol. VII，p. 39.

立，同时这个模型也相信视觉能够突破这种分离。就像perspectiva（透视）这个词是“透过去看”的意思，阿尔伯蒂的这扇窗户也是被打开的或者是透明的，这也意味着这个目之所及的表面被光线完全照亮和穿透。与之相比，电影则通过光与影之间不可分割的互补关系实现屏幕表面的展示性效果。这种互补关系不仅仅体现在电影所呈现的图像中（绘画也同样具备光影对比），还体现在光束、电影屏幕本身的不透明性和放映厅的黑暗环境三者间的关系中。在这种条件下，电影屏幕会反射投射到其上的光束，从而创造出一个独特的空间，这个空间不设置任何形而上学式的“彼岸”（au-delà），而是让一个神话般（mythique）的“他处”（ailleurs）变得可见。需要说明的是，这里所说的“他处”并不是“彼岸”，也不是“透过”（à travers）阿尔伯蒂的透视之窗所看到的场景。关于这一点，在本章开头我引用的段落中，本雅明已经敏锐地观察到绘画画布所呈现图像与电影屏幕所呈现图像之间的区别。本雅明指出，“运动性”是电影图像的特性，而这正是电影装置逐渐革新我们的视觉体验、观看欲望和观看观念的根本原因。小时候，看西部片时，我并不认为西部位于屏幕的“彼岸”，也不觉得自己像透过一扇窗户一样眺望屏幕另一侧。相反，是电影为我开启了西部世界，这是我生命中的另一个时空维度，后来我又在电视上播放的西部片中与其相遇，又在做游戏的时候重新打开了这个世界。从这个意义上说，这是一个“异维度”（une dimension autre），它无处不在又处处都在。因此，我称之为神话的（mythique）维度，在我看来，它超越了想象与现实之间的所有区分。

电影屏幕用自己的方式向我们说明图像并不是依赖于或者派生自被那个当成具有绝对优先地位的“现实”（le réel），不是它的“转印，复制品和第二等的事物”[1]。

但这还不够，如果“元屏幕”的各种史前和历史变体一直在激发并引导观众的欲望，那么我们就必须强调在这种欲望中不断交织的动力学机制的复杂性。仅仅考虑其中一些机制，我们就可以发现，长期以来西方文化一直希望能看到各种屏幕表面另一侧的世界，这种对彼岸的追求也体现在“形而上学”（métaphysique）的含义中。另外，这种动力学机制在现代的发展体现在人们“渴望看见自然的真理”，“揭开伊希斯的面纱”。[2]与这个欲望交织的，是阿尔伯蒂的窗户模型以及拉丁语中的“透视”（perspectiva）一词所体现的“透过去看”的期望。至于电影的出现，它似乎更加明确和强化了元屏幕引导欲望的特征。这种特征一直存在，具体表现为人

1 M. Merleau-Ponty，*L'œil et l'esprit*，Paris，Gallimard，p. 23.

2 P. Hadot，*Le voile d'Isis. Essai sur l'histoire de l'idée de Nature*，Paris，Gallimard，2004，respectivement p. 273 et p. 244.

们“依据屏幕观看”或“与屏幕共同观看”的欲望[1]，我在本书第一部分已经提到这点[2]。而电影则将这一欲望推向极致，以至我们幻想走进屏幕本身。在下一章中，我将专门探讨“新媒体”对这一动力机制，以及其与其他动力机制的交织关系带来的种种变化。

可以说，如果窗口提供了一种从正面再现对象的视觉模式，那么电影时代以及后电影时代的屏幕则越来越倾向于营造一种包裹的视觉（enveloppement de la vision）。这种包裹的视觉应当被理解为一种兼具视觉与听觉的经验，并且在不久的将来也可能包括触觉经验。从这个角度说，我们之所以能像利奥塔那样将屏幕理解为一面镜子，是因为屏幕实际上是可见之物向自身折叠的构成性要素，而这种折叠正是视觉。

如果我们将本雅明关于知觉的历史性和欲望的历史性的思考，梅洛－庞蒂关于我们这个时代本体论变迁的思考，利奥塔关于 19 世纪末以来西方社会中欲望变迁的分析，福柯和西蒙东关于装置的历史性以及“主体

---

1 “只需回想一下《惊魂记》中的著名场景，诺曼·贝茨神经质地注视着载有玛丽昂尸体的汽车缓缓沉入母亲房子后面的沼泽中；当汽车停住不动时，观众自然而然产生的焦虑感——这正是观众与诺曼的共情之保证——会突然提醒他，自己的欲望与诺曼的欲望是相同的。”参见 S. Žižek，«Dans ses yeux insolents，je vois ma perte écrite»，dans S. Žižek（éd.），*Tout ce que vous avez toujours voulu savoir sur Lacan sans jamais oser le demander à Hitchcock*，trad. fr. M.-M. Burdeau，Nantes，Capricci，2010，p. 270.

2 仔细来看，“对伊希斯面纱的凝视态度”（参见 P. Hadot，*Le voile d'Isis. Essai sur l'histoire de l'idée de Nature*，Paris，Gallimard，2004，p. 317）正是这种欲望的一个代表性变体。

化”或“个体化”过程的讨论，以及德勒兹关于某种特定“思想图像”的历史性的思考结合起来，就可以得出这样一个结论——电影的世纪（这一世纪落幕未久），与一种作为我们和世界相遇方式的“图像”的逐步确立存在着密切联系。这种“图像”逃脱了传统戏剧[1]的正面模式，有趣的是，窗口所采用的模式恰恰正是这种传统戏剧的正面模式。[2]

诚然，我们今天的屏幕体验已经不只是有关电影的经验。首先，电视的出现改变了这种体验。与电影屏幕通过反射已录制的图像投影不同，电视的发光屏幕“能够在事件发生的同时将其呈现出来”。[3]其次，电影技术的进步也对我们的视觉体验产生了影响，尤其是电影屏幕的尺寸不断扩大，使得我们在巨大的屏幕面前显得渺小。正如在查理·卓别林（Charlie Chaplin）的电影《纽约王》（*Un roi à New York*，1957）中所展示的那样，卓别林饰演的角色在观看用西尼玛斯科普宽银幕电影镜头（Cinémascope）拍摄的西部片时，画面中那场激烈的枪

1　众所周知，本雅明认为戏剧与电影间存在结构性对立，因为电影完全是为技术性再现而设计的。他说：“电影的这一特性……与戏剧的特性形成了鲜明的对立。”参见 W. Benjamin，*L'œuvre d'art à l'époque de sa reproductibilité technique*，trad. fr. M. de Gandillac revue par R. Rochlitz，Paris，Gallimard，2008，p. 37.

2　H. Belting，«La fenêtre et le moucharabieh：une histoire de regards entre Orient et Occident»，éd. E. Alloa，*Penser l'image*，Dijon，Les presses du réel，2010，p. 150.

3　对西蒙东来说，这种区分构成了电影与电视之间“深刻差异”的基础，参见 G. Simondon，«Psychosociologie du cinéma»（inédit，daté 1960），dans *Sur la technique (1953-1983)*，Paris，P. U. F.，2014，p. 359. 引文来自同一页。

战场景铺展得极为宽阔，他不得不不断地左右转动头部，才能将那场宏大画面尽收眼底，那个样子就像是在观看一场网球比赛。

相反，小屏幕（电视屏幕）则使我们习惯于像巨人一样面对“小人国”里的图像。[1] 我们记得，柏拉图在《理想国》中批评图像，因为他认为图像会影响我们灵魂中的非理性部分，从而引发幻觉。[2] 从电影到电视，屏幕与观众之间尺寸关系的反转，以及观众不再停留在黑暗的放映厅，思考这些变化会对我们产生哪些影响，这也是很必要的。换句话说，这两个因素如何影响我们的价值体系，影响我们的幻想与欲望，这是很值得探讨的问题。罗兰·巴特（Roland Barthes）在讨论西方观众在特定阶段的电视观看经验时指出，从电影到电视的这些变化让我们从一种催眠式的、带有情色意味的迷恋中解放出来，但却又将我们“囚禁在家中”[3]。不过，或许更应该说，电视将我们引向一种驯化的（apprivoisé）情色经验，这种经验与巴特所提到的“家庭”（Famille）维度相兼容。

---

1 关于“媒体的格列佛化”（gullivérisation des médias）以及对于这一现象的考古学重构，参见 Erkki Huhtamo dans la section intitulée «Enlarging and Shrinking: the Gulliverisation of Media» de son essai «Messages on the Wall: An Archaeology of Public Media Displays», *in* S. McQuire, M. Martin and S. Niederer (eds.), *Urban Screens Reader*, Amsterdam, Institute of Network Cultures, 2009, p. 15 *sq.*, en particulier pp. 19-21.

2 参见 Platon, République, 603 a.

3 R. Barthes, *En sortant du cinéma*, «Communications», 23, 1975, p. 105.

但是，有关电视屏幕的经验非常复杂又极其重要，需要另外行文专门讨论，在此就不再赘述。

近些年来的数字革命更是带来了屏幕的革新与激增，大量的屏幕纷纷面世，我们对于屏幕的体验也变得丰富多样，屏幕也展现出许多新特征，包括可移动性、可触摸性、互动性、互联性，等等，特别是出现了极具沉浸感的屏幕[1]。从这一视角来看，屏幕如今不仅仅是推动我们与图像之间关系持续变革的关键要素，更是一场知觉、情感和认知革命的核心驱动力。这一革命正悄无声息地将我们卷入其中，而我们只能感知到其最直接的后果。

正因如此，我深信，在当下，对屏幕经验进行反思，对构建我们必须建立的哲学而言是必不可少的一环；对从事当下的“电影－哲学”（philosophie-cinéma）领域，或者更为确切地说，探索“屏幕－哲学”（philosophie-écrans）的意义必不可少。

1 参见 L. Vancheri，«L'image-écran»，Ecrans，n°1，Lyon 2-Lyon 3-L'Harmattan，2013，p. 18 *sq.* et P. Montani，*Bioesthétique. Sens commun, technique et art à l'âge de la globalisation*（2007），trad. fr. J.-C. Cavallin，Paris，Vrin，2013，p. 155.

第二章　过来与我同住：当今屏幕的诱惑

人类梦想着想象的世界，而虚构的人物则渴望现实世界。

——伍迪·艾伦（Woody Allen），《开罗紫玫瑰》（*La rose pourpre du Caire*）

元屏幕作为“准–主体”

屏幕会转移人们的注意力，也会捕获人心。用一个词来形容，就是屏幕会“诱惑”观众。简言之，屏幕能将我们带到它那里，甚至邀请我们与它同住。

屏幕的诱惑既迷人又让人不安，这一特征从电影的诞生时就一直存在。举例来说，1902 年的短片《乔什叔叔在活动影像放映秀上》（*Uncle Josh at the Moving Picture Show*）中，乔什叔叔作为一名观众，被屏幕深深折服，以至亲手扯下了屏幕，与藏在屏幕后面的放映员扭打在一起。这部由爱迪生制片厂（Edison Manufacturing Company）制作、爱德温·S. 波特（Edwin S. Porter）执导的短片，生动展示了在早期的屏幕体验中，屏幕的诱惑使得观众误以为屏幕的另一侧隐藏着某种秘密。

短片《乔什叔叔在活动影像放映秀上》（爱德温·S. 波特，1902）
来源：Prod. BD © Edison Manufacturing Company / DR

这个短片和另一个著名的故事呼应，不过这个故事并未被证实。据称，1896 年，当斯卢米埃尔兄弟首次放映《火车进站》（*L'Arrivée d'un train en gare de La Ciotat*）时，观众曾因担心火车会从屏幕中冲出来而四散奔逃。不过更重要的是，爱迪生制片厂制作的这部短片已经展示了一个被屏幕俘获的电影观众，正如我前面所说的那样，他尝试闯入屏幕里面。这种希望进入屏幕中的意图在电影史上乃至更广泛的背景中，逐渐成为一个核心母题（topos）。这种母题可以被看作电影屏幕体验的典型特点。或者更确切地说，电影同时承诺并威胁着这种体验的可能性。[1]因此，接下来我们将专门探讨这一母题，不仅是为了更好地理解这种屏幕体验，还希望通过分析“新媒体”对这一母题的改造，去衡量和思考屏幕体验在“新媒体”这一背景下的转变。[2]换句话说，我们将分析“新媒体”提供的沉浸式体验所带来的期待和担忧，并与电影提供的沉浸式体验进行比较。

在爱迪生制片厂制作的影片中，乔什叔叔屈服于进入屏幕的愿望。在随后的由巴斯特·基顿（Buster Keaton）执导的影片《福尔摩斯二世》（*Sherlock Jr.*，1924）中，这一意图成了电影主角的梦想。主角是一位电影放映员，他也渴望进入屏幕之中。然而，屏幕上不断变换的场景与放映员的反应之间存在时间错位，他的梦想很快被这个时间错位扰乱。这一情节极具象征意义。

---

1 这些对于波特电影的解读与弗朗切斯科·卡塞蒂在《二十世纪的眼睛：电影、体验、现代性》一书中强调的观点不谋而合（F. Casetti，*L'occhio del Novecento. Cinema, esperienza, modernità*，Milano，Bompiani，2005，p. 233 *sq.*）。不过我们是从两个不同的视角出发的：卡塞蒂是从“乔什叔叔”的角度出发来思考的，他提到这是一种“模棱两可的吸引力，因为它既引发了恐惧——就像火车的片段迫使乔什逃跑——又激发了欲望”（p. 235）。而在我的解读中，我更多是从“屏幕”的视角出发，将其特征描述为“诱惑”、“承诺”和“威胁”。

2 另外，我这里讨论的“诱惑”（séduction）一词，雪莉·特克（Sherry Turkle）也用它来讨论人与电脑的关系，参见 S. Turkle，*Life on the Screen: Identity in the Age of the Internet*，New York，Simon and Schuster，1995，p. 30 *sq.*

后来，伍迪·艾伦在其1985年执导的电影《开罗紫玫瑰》中，再次表现了这种“进入屏幕的梦想”，不过这里更像是一场白日幻想。在这部电影中，男主角是一部电影中的虚构人物，他爱上了一名观众，而这名观众也爱上了他。有时，男主角会把这名观众带入屏幕之中同自己站在一起；但更多时候，是他从电影中逃出，与她一起在他所认为的“现实”中生活。这种情况导致了电影与现实戏剧化的双重混乱。[1]

无论如何，正如我所说的，邀请观众到屏幕里生活似乎是一种与电影经验（expérience filmique）密不可分的诱惑性因素。[2]更广泛地说，这也是观众欣赏、阅读和重新解读电影经验的组成部分。[3]归根结底，电影史中的每一项技术进步都可以看作加强这种“诱惑”的一次尝

1　此外，有必要指出，克莱莉亚·泽尔尼克（Clélia Zernik）在其著作《知觉-电影：装置的风格化问题》（C. Zernik，*Perception-cinéma. Les enjeux stylistiques d'un dispositif*，Paris，Vrin，2010，p. 52）一书中也提出了一个与我之前对《后窗》的解读一致的观点。她指出：“最终，杰弗里斯被索沃德推出了窗口，真正意义上倒向了屏幕的那一侧（du côté de l'écran）。”

2　关于电影经验这个概念，参见V. Sobchack，*The Address of the Eye: a Phenomenology of Film Experience*，Princeton，Princeton University Press，1992.

3　观众的电影经验及其相关影响是弗朗切斯科·卡塞蒂最近两本著作的核心议题之一。可以参考他在《二十世纪的眼睛：电影、体验、现代性》一书中题为《观察者的位置》（Il posto dell'osservatore）的整章内容（F. Casetti，*L'occhio del Novecento. Cinema, esperienza, modernità*，Milano，Bompiani，2005，p. 229 *sq.*）。此外，他在《卢米埃尔星系：未来电影的七个关键词》一书中也对这一体验进行了系统的阐述（F. Casetti，*La galassia Lumière. Sette parole chiave per il cinema che viene*，Milano，Bompiani，2015，p. 12 *sq.*）。

试。[1]显然，这种“诱惑”之所以有效，首先归功于电影经验的“知觉－情感”（perceptivo-affectifs）特点，这种特点最后又沉淀在观众自身的身体性（corporéité）中。[2]

我前面提到的“电影经验”这一概念是由维维安·索布切克（Vivian Sobchack）提出的。在提出这个概念时，她参考了米盖尔·杜夫海纳（Mikel Dufrenne）对于“审美经验”（expérience esthétique）的定义，而杜夫海纳的这一理论最早见于他1953年出版的著作，该著作专门探讨了审美经验的现象学。在这本书中，杜夫海纳首先描述了“审美对象”（objet esthétique）的形成。他指出，审美对象首先是一个感性对象，它要实现完整的生成，就必须依赖观众的知觉。杜夫海纳解释说，观众及其审美对象的关联在其“在场”（présence）中达到其最初的形态。在这个过程中，观众的身体性与审美对象的知觉性构成了一个“无法区分的”（indiscernable）

1 爱森斯坦（Eisenstein）关于立体电影的论述堪称典范。根据他的观点，立体电影“能以一种前所未有的力量，强烈地‘吸引’观众进入曾经只是屏幕表面的世界；同样真实且令人震惊的是，它还能‘倾泻’那些曾经仅仅扁平地附着在屏幕表面上的事物，并将其投射到观众身上。”参见 S. Eisenstein，«Du cinéma en relief»（1946-1948），trad. fr. d’A. Zouboff et de M. Iampolski，dans *Le mouvement de l’art*，texte établi par F. Albera et N. Kleiman，Paris，Cerf，1986，p. 109.

2 举例来说，比如这种表述：“我是那种从一部牛仔电影中走出来，双腿微微弯曲，双手摆在枪的位置上，从电影院走到公交车站的人，还会盯着红绿灯的黄色柱子，仿佛在寻找我把马拴在哪里。”参见 M. Lombardo Radice，L. Ravera，*Porci con le ali*（1976），Roma，L’Unità，1993，p. 74. 显然，这种沉淀在身体性中的记忆是普鲁斯特所说的“非自主记忆”（mémoire involontaire），关于这一点，参见 M. Carbone，*Proust et les idées sensibles*，Paris，Vrin，2008.

整体[1]。随后，这种体验因为“再现”（représentation）的介入而被中断，但它也可以在不同的条件下被重新唤醒和延续。通过这种方式，审美对象将展现出其独特的“世界”（monde），这个世界拥有其独特的感知结构和情感结构。正是这个原因，杜夫海纳将审美对象定义为一种“准－主体”（quasi-sujet）[2]。这一定义在一定程度上也预示了梅洛－庞蒂随后提出的对感性的本体论复兴。[3] 杜夫海纳认为，审美经验会在感知过程中逐渐展开，直到达到其顶峰，而这一过程只有在观众与一种特殊的审美对象即艺术作品的接触中才能实现。在感知中，艺术品展现出自身的表现力和情感世界，从而使

1 M. Dufrenne, *Phénoménologie de l'expérience esthétique*（1953），Paris，P. U. F.，1967，2 volumes.，vol. 2，*La perception esthétique*，p. 425.

2 M. Dufrenne, *Phénoménologie de l'expérience esthétique*（1953），Paris，P. U. F.，1967，2 volumes.，vol. 1，*L'objet esthétique*，en particulier p. 255.（“因此，我们可以谈论主体的世界。但我们是否也可以谈论审美对象的世界呢？答案是可以的，如果我们将审美对象视作一个‘准－主体’。换句话说，如果审美对象具备表达的能力，那么它就拥有属于自己的世界。”）et pp. 408-409.（“正是因为审美对象拥有某种形式的内在性，它才具备了表达的能力。”）“准－主体”概念贯穿杜夫海纳学术生涯直到其最后的著作，参见 M. Dufrenne，*L'œil et l'oreille*，Montréal，Éditions de l'Hexagone，1987，p. 187.

3 安娜·卡特里娜·达尔马索指出“准－主体”概念“预示了梅洛－庞蒂和拉康对于‘反向意向性’（intentionnalité inverse）的发现，这种意向性就是可见者朝向观察者目光的意向性，而梅洛－庞蒂已经在画家的工作中看到这种意向性的清晰呈现”，参见 A. C. Dalmasso，«Voir selon l'écran. Autour d'une rencontre entre visibilité et théorie filmique»，dans M. Carbone，*L'empreinte du visuel: Merleau-Ponty et les images aujourd'hui*，Genève，MētisPresses，2013，p. 116. 这一思路也和本雅明对于“灵晕”的描述呼应，本雅明写道：“体验到一个现象的灵晕，就是赋予现象抬起眼睛观察的能力。”参见 W. Benjamin，«Sur quelques thèmes baudelairiens»（1939-1940），dans *Baudelaire*，trad. fr. P. Charbonneau，Paris，La fabrique，2013，p. 987. 这种呼应也佐证了我们的想法，即元屏幕作为准－主体具有“灵晕性”（auraticité），我将在本章逐步展开这个观点。

其作为一个“准－主体”的自我生成过程（autogenèse）达到巅峰。

维维安·索布切克借用杜夫海纳提出的“准－主体”概念，用以描述电影在观众体验内部的呈现形式。[1] 索布切克指出，电影不仅以“可见对象（objet visible）的身份与我们相遇，而且还以观看主体（sujet voyant）的身份与我们互动”[2]。索布切克还进一步澄清说，这种互动发生在“我们意识的实际体验层面（而不是在思想层面）”[3]。不过，体验与思想这两个层面真的可以被明确地区分和分离开吗？我们是否真的能够在不考虑我们对电影的实际体验的情况下，对电影进行抽象的思考呢？实际上，如果在这种体验中电影呈现为“准－主体”，那么哲学是否真的能够仅仅依靠概念来思考电影，同时将电影再次变成哲学的研究对象之一呢？无论这些概念是哲学家自己提出的，还是德勒兹称之为“伟大的电影创作者”[4] 所提出的。

此外，在解释《乔什叔叔在活动影像放映秀上》这部影片呈现的屏幕经验时，我正是试图从“准－主体”

1　参见 V. Sobchack, *The Address of the Eye: a Phenomenology of Film Experience*, Princeton, Princeton University Press, 1992, p. 142.

2　V. Sobchack, *The Address of the Eye: a Phenomenology of Film Experience*, Princeton, Princeton University Press, 1992, p. 142.

3　V. Sobchack, *The Address of the Eye: a Phenomenology of Film Experience*, Princeton, Princeton University Press, 1992, p. 142.

4　G. Deleuze, *Cinéma 2. L'image-temps*, Paris, Minuit, 1985, p. 366.

的视角出发进行解读，这就是我在本章第一条注释中所强调的屏幕的视角。实际上，如果我们可以讨论“审美经验”或“电影经验”，那么我们同样有理由讨论“屏幕经验”。从屏幕经验的视野（horizon），并且只有在这种视野中，我们可以断定，屏幕自身开始成为一种“准 – 主体”，开始拥有自己独特的感知与情感视角，正如我们在上一章中看到齐泽克所解释的那样。[1] 此外，马诺维奇在描述我们与屏幕的关系时，也没有忽视这一关系基本的“知觉 – 情感”特征，而且他还强调了在这一关系之中，屏幕所具有的“准 – 主体”特征：“屏幕并不是一个中立的信息展示媒介，它是具有攻击性的。它的功能是过滤、‘遮蔽’、支配、让画面外的一切都变得不存在。显然，这种过滤的程度依据是电影观众还是电视观众而有所不同。”[2] 雪莉·特克在讨论电脑屏幕时也暗示了屏幕的“准 – 主体”特征，她认为电脑屏幕“没有生命但具有交互性”[3]，这种交互性首先是一种知觉层面的交互关系。在她看来，在我们与屏幕图像（这些

---

1 S. Žižek，«Dans ses yeux insolents，je vois ma perte écrite»，dans S. Žižek（éd.），*Tout ce que vous avez toujours voulu savoir sur Lacan sans jamais oser le demander à Hitchcock*，trad. fr. M.-M. Burdeau，Nantes，Capricci，2010，p. 270.

2 L. Manovich，*Le Langage des nouveaux médias*（2001），trad. franç. de R. Crevier，Dijon，Les Presses du réel, 2010，p. 206.

3 特克随后继续写道：“电脑不会思考，但它也不是完全和思维无关。它是一种物体，是一种机械，但它也会行动，也能互动，并且在某种意义上似乎具备某种‘认知’能力。”参见 Sherry Turkle，*Life on the Screen: Identity in the Age of the Internet*，New York，Simon and Schuster，1995，p. 22.

图像与屏幕本身是密不可分的）的关系中，知觉和情感层面的交互是显而易见的。实际上，从视觉文化研究的开放视角来看，在这些关系内部，这些图像应当被视为“‘被赋予生命的’准－行动者，是对人的模拟（simulacre）”[1]。这是 W. J. T. 米切尔的观点，他的看法与我们此处的讨论深有共鸣。

我刚才提到的这些因素都促使我们将屏幕视为“准－主体”，这首先意味着它是杜夫海纳意义上的能够表达的审美对象。在此基础上，屏幕具备了非人格化的行动能力，成为准行动者。借此，屏幕超越了传统的主客二元对立，在这种对立中，主体被认为是主动的，而客体被认为是被动的。屏幕凭借这种特殊的身份，迅速融入了我们与世界之间的感知－情感关联中，这种关联本身已经包含了一种“思考”（penser），但这种思考先于“主动性”与“被动性”之间的区分。在我们与屏幕的关系中，尽管随后“再现”的介入，或者知性与概念的作用导致了二者的疏远，但这种感知－情感关联始终存在，哪怕是以一种隐含的方式发挥作用。

这里我要指出，如果回到这种感知－情感关联的最初阶段，我不会用杜夫海纳所说的“在场”去描述它，而更倾向于称其为“准－在场”（quasi-présence）。因为

1 W. J. T. Mitchell，«Que veulent réellement les images?»（1996），trad. fr. M. Boidy et S. Roth，E. Alloa（éd.），*Penser l'image*，Dijon，Les presses du réel，2010，p. 237.

在这种经验中，想象[1]已经悄然往里面渗入了一些底色（fond），这种底色正是梅洛-庞蒂在《眼与心》中所说的"迫近的可见性"（visibilité imminente）[2]。正因为如此，这种"可见性"必然会超越任何形式的"在场"。

我接下来要仔细讨论这里所说的"迫近"（imminence）。不过在此之前，我需要强调，我们一直在讨论的"准-主体"结构并不是某一特定种类屏幕的特征，而是我所说的"元-屏幕"的一个构成性要素。还需要注意的是，我刚刚说把"准-主体"结构视为"元-屏幕"的构成性要素，现在我还要进一步澄清，"准-主体"结构伴随着"元-屏幕"的发展过程不断变化，这种变化源于它在史前和历史发展进程中逐渐获得的不同内涵，而这些内涵，正如福柯所言，可能是"话语性的或非话语性的"[3]。与这些内涵相对应的，是人类身体经验具有的内涵，这种经验同样在史前和历史发展进程中不断发生变化，正如我在前一章中指出我们的身体经验具有"元屏幕特性"。如果用西蒙东的话说，最终我们发现身体经验原来是"技术-美学"（techno-esthétique）的，西

1　参见 M. Dufrenne，*Phénoménologie de l'expérience esthétique*（1953），Paris，P. U. F.，1967，2 volumes.，vol. 2，*La perception esthétique*，p. 439. 在这里，杜夫海纳将想象与"准-在场"联系起来。

2　M. Merleau-Ponty，*L'œil et l'esprit*，Paris，Gallimard，p. 23.

3　参见 M. Foucault，«Le jeu de Foucault»（1977），dans *Dits et écrits 1954-1988*，vol. IV：1976-1979，éd. D. Defert et F. Ewald avec la collaboration de J. Lagrange，Paris，Gallimard，1994，p. 299.

蒙东用这个术语强调我们与世界的原初关系本身就已经带有技术性内涵。[1]关于这一点，我将在下一章中进一步讨论。在这里，只需提杜夫海纳对西蒙东的影响就足够了，这种影响反映了二者共同的理论追求。在我看来，这一影响并不仅限于美学领域[2]，在赋予技术对象一种“存在方式”（mode d’existence）的观念上，杜夫海纳对西蒙东也有影响。这种观念从本体论的角度，重新确立了技术对象作为“准－主体”的地位，并赋予它们“一定程度的自由”[3]。而这些技术对象是在与人类的共生关联中成为“准－主体”的，西蒙东称这种关联为“耦合”[4]（couplage）关系。

诱惑的模糊性

正是基于这种意义和耦合关系，我在本章开头谈到了电影屏幕的诱惑。然而，当需要展示这种诱惑时，电影必须借助演员的表演来实现。演员在影院银幕上扮演

1 “与单纯的审美感受或单纯从功能性角度考虑的技术层面相比，技术－美学的感受似乎是一个更原始的范畴，而前两者则是贫乏的”。参见 G. Simondon, «Sur la techno-esthétique»（daté du 3 juillet 1982），dans *Sur la technique (1953-1983)*，Paris，P. U. F.，2014，pp. 391-392.

2 关于这个领域，请参见 G. Carrozzini，«Esthétique et techno-esthétique chez Simondon», in J.-H. Barthélémy（dir.）, *Cahiers Simondon*, n°3, Paris, L’Harmattan, 2011，pp. 51-70.

3 G. Simondon，*Sur la technique (1953-1983)*，Paris，P. U. F.，2014，p. 388. “每种产品都有一定程度的自由，以便使用它们实现一些预料之外的目标。”

4 参见 G. Simondon，*Du mode d’existence des objets techniques*，nouvelle édition revue et corrigée，Paris，Aubier，2012，p. 167 *sq*.

那些希望进入电影虚拟之屏中的观众的状态。换句话说，电影总是不得不通过对自身的投射（projection）来展现这种“诱惑”。

为了讨论与屏幕诱惑相关的变化，我们可以了解一段视频。这段视频展示了一个巨型互动屏幕与观众的关系。这块屏幕于 2010 年 6 月由时尚品牌“Forever 21”（永远 21 岁）安装在纽约时代广场中，由互动创意机构 space150 设计投放。

聚集在时代广场的人群正在拍摄自己在“Forever 21”互动屏幕上的形象

来源：New York，2010. © Forever 21 Digital Billboard by space150/Forever 21

这个屏幕实时展示聚集在广场上人群的样子，在前景处则站着一位年轻的女模特。有时，这位模特会亲吻人群中的某个人，将其变成一只青蛙。有时，她会把某个人装进自己的手提包里，然后悠然离去。有时，她又会用宝丽来（Polaroid）相机朝人群拍摄一张即时照片，摇晃几下后将照片展示出来，照片里就是屏幕下方观众近距离互动的样子。

这个互动屏幕给我们提供了一个重要的思考案例，它不仅涉及电子媒体以及后来的数字媒体如何看待它们与前辈（摄影和电影）之间的关系，还涉及它们如何看待与自身的关系。这些都促使我们反思那些与“屏幕”相关的经验中所发生的转变，而这种经验既是“被提供的”（proposée），也是“被承诺的”。

我们讨论的这块互动屏幕明确致敬了摄影这个前辈，至于我提到的另一个前辈——电影，则是以更加含蓄的方式被致敬的。致敬的方式之一就是我之前说到的那种古老承诺，即让观众生活在屏幕之中的承诺，当然这种承诺随时可能转变为一种威胁。不过，如果说电影必须通过演员的表演来实现这一点，即让演员扮演观众的状态，那么时代广场的这块城市互动屏幕则展示了真实观众的实时影像。而且，它是通过以下两种不同的方式做到这一点的：一方面，漫步在时代广场的行人可以在屏幕上看到自己的影像；另一方面，这些人群中的一些人可能会发现自己成为模特用宝丽来相机所拍照片的“主角”。

电影与互动屏幕以不同的方式让观众生活在屏幕之中，这种差别实际上反映了两种不同的促成观众与屏幕之间相遇的方式。对电影来说，是观众自己选择进入一个特定的封闭场所内部（电影院），主动去观看一块屏幕。而我们正在讨论的这种城市互动屏幕，情况则完全不同，这里的屏幕被设计和创造出来就是为了主动地接触观众。这种相遇不是观众自己主动选择的，而是屏幕在公共空间中出乎意料地将这种互动强加给观众。因此，这种“诱惑”的策略变得更加直白和明显。

喜剧片《福尔摩斯二世》（巴斯特·基顿，1924）
来源：Prod. BD © Buster Keaton Production / DR

此外，时代广场的这块巨型屏幕也进一步证实了我在前一章所描述的“元屏幕”的内在动态机制。根据我的论述，这种动态机制使得屏幕本身不仅是一个展示可见内容的媒介，更是促成视觉折叠（repliement）的构成性要素。可见者通过这种折叠，将自身部分地转变为能见者。也正是这一折叠的过程，使得可见者和能见者能够同时并且对称地展开。由于这种对称性，这两者之间的关系也变得具有可逆性。这种可逆性生动地体现在巴斯特·基顿那幕“放映员之梦”的场景中。在基顿进入电影屏幕之前，他站在连接放映室和黑暗放映厅的小窗前，仿佛被屏幕注视。而深入思考这一现象，我们就会发现，正是由于这种可逆性，屏幕才能够承诺（以及威胁）让观众生活在屏幕之中。由此，一个“交织的关系”（chiasme）逐渐显现出来：一方面，屏幕通过与观众的互动，使其自身成为一种“准－主体”，另一方面，作为交换，屏幕也将观众建构为一种“准－图像”（quasi-image）[1]。仔细思考后我们就能发现，这也是“沉浸性”（immersivité）问题的核心所在。

但为什么要使用“准－主体”和“准－图像”这样带有“准”（quasi）字的术语呢？这是因为我们所谈论的是一种“始终迫近但从未真正实现的可逆性”[2]，正如梅洛－庞蒂所说的那样，或者换一种表达方式，这是一种“迫近的可见性”。正是由于这种内在的“迫近

1 关于绘画屏幕，W. J. T. 米切尔这样描述：“总而言之，画作的欲望在于与观看者交换角色，将其固定在原地或使其麻痹，从而将他或她转变为画作目光所注视的图像，这种现象可以称为‘美杜莎效应’（effet Méduse）。”参见 W. J. T. Mitchell, «Que veulent réellement les images?», dans E. Alloa（éd.）, *Penser l'image*, Dijon，Les presses du réel，2010，p. 220.

2 M. Merleau-Ponty，*L'œil et l'esprit*，Paris，Gallimard，p. 194.

性”，屏幕才能做出一种“令人不安的承诺”，即承诺让观众生活在屏幕之中，但这种承诺却从未真正实现过。原因在于，如果这种可逆性真的完全实现，那么可见者和能见者就会完全混为一体，反而会让视觉本身变得不可能。这就是为什么“诱惑”这个词最能恰当地表达这一邀请（invitation）不可分离的双重性（duplicité inséparable），这种双重性体现在永不会兑现的承诺中，体现在这一承诺有时表现出来的出尔反尔。在这一方面，电影《开罗紫玫瑰》的结局堪称典范。在这部电影中，这种“双重性”被反复强调：影片中的角色被迫回到电影世界里，而扮演他的演员却可以自由地回到好莱坞，不必带上那位他曾向其做出承诺和示好的女观众。至于这位女观众，她只能回到黑暗的电影院里，继续做着她的梦。

索布切克指出，“电影理论的叙述一直由三种隐喻主导：画框、窗口和镜子”。[1] 不过，我对元－屏幕的理解是将它视为可见者朝向自身折叠的构成性要素，换句话说，我将它理解为一个使我们看见图像的背景——这种理解让我们远离传统的再现式模型，这些模型将屏幕看作某种画框或者窗口。同时，这种理解也表明，镜子本身不过是可见者转变成能见者的折叠过程（这一过程

1　V. Sobchack，«Le visuel et le visible：vers une phénoménologie de l'expérience filmique»，trad. fr. S. Kristensen，in M. Carbone，*L'empreinte du visuel: Merleau-Ponty et les images aujourd'hui*，Genève，MētisPresses，2013，p. 86.

是视觉得以确立的基础）的一个特例。实际上，镜子所具有的自反性（réflexivité）不过是前述“可逆性”的特例，而我们前面提到的互动屏幕通过实时展示真实观众的图像，在某种意义上比电影屏幕更像是一面镜子。由此可见，电子和数字媒体不仅重现了其前辈（如摄影和电影）的某些特征，而且超越了它们。

关于这些媒介与自身的关系，时代广场巨型屏幕的图像表明，这些媒介不再将屏幕简单地视作一扇“窗口”，而是明确地将其视作一种特别的光学装置，这种装置不仅是这些媒介所独有的，而且在当代占据了主导地位。

正如我之前所说，如今大家都在谈论的“屏幕”，其作为一种自主视觉装置（dispositif autonome de notre vision）的逐步形成，可以追溯到电影的诞生与兴起（弗雷德里克·詹姆逊所说的资本主义的现代主义阶段，它始于19世纪90年代[1]），而这一过程的完成则发生在我们所谓的后现代时期（postmoderne，从20世纪50年代开始），在这一阶段，屏幕逐渐演变为“显示屏”（display）。“Display”这个英语单词的含义比较单一，意思是展示、陈列和显现。关于这一点，弗朗切斯科·卡塞蒂指出：“显示屏展示的意义在于将某

1　参见 F. Jameson，*Le postmodernisme, ou la logique culturelle du capitalisme tardif*（1984），trad. fr. F. Nevoltry，Paris，Beaux-Arts de Paris，2007，pp. 79-80.

物置于我们面前，使其触手可及。与其说是‘揭示’（découvre），不如说是‘展现’（exhibe）。”[1]

不过，我并不认为显示屏的显示具有任何中立性。我认为我们之前看到的马诺维奇对电影屏幕和电视屏幕的论述同样适用于显示屏：“它是具有攻击性的。它的功能是过滤、‘遮蔽’、支配、让画面外的一切都变得不存在。”当然，有时显示屏被迫以比其前辈更隐晦和含蓄的方式行事，但即使在这些情况下，它依然以一种隐秘的方式表现出“攻击性”，因为它从未停止宣称自身是目光的中心（即使它有时只是一种“目光的义肢”[2]）。正是通过这种方式，显示屏在可见的事物中形成了一种等级，或者像前一章中德勒兹解释的那样，任何装置最终都会确立一个“光线的政体”，显示屏也不例外。通过这种运作方式，显示屏最终也以自身展示的内容之名，主张自己占据了特定的真理，无论这种真理是否有依据，也不管它是如何被建构的。而这种主张又反过来让显示屏能够吸引目光，满足这些目光的期待。另外，如果让观众承认其主张并不是显示屏的目的，那么为什么显示屏还要展示这些内容，尤其是这些内容很可能已经被刻意操纵过了？[3] 围绕着显示屏存在的一种动力机

1 参见 F. Casetti，*La galassia Lumière. Sette parole chiave per il cinema che viene*，Milano，Bompiani，2015，p. 261. 卡塞蒂还指出，display 的这种含义还伴随着“黑暗的逐渐消失”（第 314 页）。

2 参见 G. Wajcman，*L'Œil absolu*，Paris，Denoël，2010，p. 11.

3 也就是说，让观众相信显示屏呈现了真理就是显示屏的目的。——译者注

制，它展示所谓的真理，迎合观众的期待，因此显示屏与我们先前讨论的神庙有一种深层次的关联，不过显示屏提供的是一种流动的、临时的并且彻底世俗化的神庙版本。

显然，正是这种“显示屏”（écran-display）[1] 体现了前文提到的当今“绝对可见性”（la visibilité absolue）的意识形态。然而，我们必须承认，哪怕“显示屏”名字里只有“显示”，它也依然在“分配可见的和不可见的”（此处再次引用德勒兹的说法），因此它最终会“系统地挫败”（我在这里借用了利奥塔的表述）实现“绝对可见性”的愿望。

此外，时尚品牌“Forever 21”的互动屏幕也以它的方式赞扬了显示屏。我们可以在互动屏幕上看到，人们手持相机、智能手机或平板电脑，拍摄出自己在该互动屏幕上的影像。然而，这一现象也再次记录甚至是颂扬了前面所说的能见者与可见者之间迫近的可逆性。而伴随着显示屏数量的增多，以及其尺寸的巨大化和缩小化[2]，这种迫近的可逆性变得更加随处可见。正是由于这种无法消除的迫近性，当代社会“看见一切”的欲望必将再次受到挫败。换句话说，将摄像头嫁接到电脑屏幕

1 F. Casetti，*La galassia Lumière. Sette parole chiave per il cinema che viene*，Milano，Bompiani，2015，p. 261.

2 gullivérisation，直译为“格列佛化”，和《格列佛游记》（*Gulliver's Travels*）中有关小人国的故事有关。——译者注

上，并不足以“抹除看与被看之间的那道构成可见性秩序的分割线”[1]。否则，镜子早就应该能够完成这一目标了。

欲望的模糊性

埃尔基·胡塔莫将显示屏的巨大化和缩小化视作历史上彼此平行且互为补充的现象，并认为这两个趋势共同促进了人们对于图像的崇拜[2]。胡塔莫强调，视觉载体的微型化并不会抹除图像的神圣性（在我看来，这种神圣性可追溯到古代仪式，即通过划定空间来确立这个空间与真理的特殊关联）。相反，微型化延续了这种神圣性，只不过以新的形式将其从公共领域转移到私人领域。不过，胡塔莫也承认，缩小显示器的趋势赋予我们一种可以控制图像的幻觉[3]。与此相对的，显示器的巨大化则使我们丧失这种控制感，反而更让我们有沉浸在图像中的感觉。

因此，我们有理由发问，屏幕的缩小化是不是应对屏幕诱惑的一种防御机制，这种机制试图降低人们完全

1 G. Wajcman，*L'Œil absolu*，Paris，Denoël，2010，p. 16.

2 E. Huhtamo，«Messages on the Wall：An Archaeology of Public Media Displays»，*in* S. McQuire，M. Martin and S. Niederer（eds.），*Urban Screens Reader*，Amsterdam，Institute of Network Cultures，2009，p. 20.

3 E. Huhtamo，«Messages on the Wall：An Archaeology of Public Media Displays»，*in* S. McQuire，M. Martin and S. Niederer（eds.），*Urban Screens Reader*，Amsterdam，Institute of Network Cultures，2009，p. 20.

沉浸于图像的风险，哪怕这种防御是部分的、无意识的，进而也是虚幻的。

如果情况确实如此，那么我们就会发现，对应之前我们提到的诱惑的模糊性和观众欲望的模糊性，即观众一方面想要屈从于屏幕的诱惑，另一方面又试图抵抗这种诱惑，因此他们最终想要寻求一种折中，就像瓦尔特·本雅明所说的缩短与屏幕的距离[1]。一个典型的例子就是自拍。在自拍时，人与屏幕的距离被缩短到一臂之内，或者在某些情况下，人们使用特制的自拍杆，即使距离稍稍增加，但依然在控制范围之内。

此外，这个例子还表明，在当下由电子和数字媒体主导的后现代时期，人们在与媒体接触时所体现出的欲望，与其说是想要在屏幕内生活的欲望，不如说是渴望在屏幕表面短暂停留一会儿的欲望。如果情况确实是如此，那么这种欲望的时间维度就不再是德勒兹所描述的电影特有的时间维度。德勒兹曾借用普鲁斯特的话来阐释电影时间这一概念，并称之为"'一点点纯粹的时间'，而不是一个当下"[2]。换句话说，德勒兹认为，电影让人们进入屏幕的深层，在那里，不同的时间性神秘地交织在一起，形成一种"纯粹的时间"。然而，正

---

1 W. Benjamin, *L'œuvre d'art à l'époque de sa reproductibilité technique*, trad. fr. M. de Gandillac revue par R. Rochlitz, Paris, Gallimard, 2008, p. 17.

2 G. Deleuze, «Le cerveau, c'est l'écran» (1986), dans *Deux régimes de fous. Textes et entretiens 1975-1995*, éd. D. Lapoujade, Paris, Minuit, 2003, p. 271.

如维维安·索布切克所指出的，电子媒体——这一描述同样适用于数字媒体——似乎更多地邀请我们“游戏与展示”[1]，这种展示发生在一个我认为同样具有“神话性”（mythique）的当下。德勒兹如此这般定义“神话般的过去”（passé mythique），即它是一个“从未成为现在的过去”，也就是所谓“属于过去的纯粹元素”[2]。据此，我们可以把神话般的当下定义为“一个从未成为当下的当下”，因为我们从未真正生活在这种时间维度中。

在我看来，正是这样一种当下，如斯拉沃热·齐泽克所言，成为后现代生存状态中超我（Sur-moi）的体现。与传统“禁止享乐”的命令相反，后现代的超我发出了“现在就享乐！”（Jouis maintenant!）[3] 的指令。然而，这种“现在”是一种无法找到的现在，也就是说，它是一种神话般的现在，因为“享乐”作为一种超我的命令是无法真正实现的。齐泽克将这种超我描述为“一个残酷而虐待成性的道德代理人，它用不可能实现的要求不断轰炸我们，而当我们无法满足这些要求时，它则幸灾乐祸地观察我们的失败”。[4]

另外，“实时”（temps réel）这个如今无处不在的表

1 V. Sobchack, *Carnal Thoughts: Embodiment and Moving Image Culture*, Berkeley Los Angeles London, University of California Press, 2004, p. 158.

2 参见 G. Deleuze, *Différence et répétition*, P. U. F., Paris, 1968, pp. 110-115.

3 在此问题上，齐泽克延续和发展了拉康的思想，参见 S. Žižek, *Comment lire Lacan*, Caen, Nous, 2011.

4 S. Žižek, *Comment lire Lacan*, Caen, Nous, 2011, p. 91.

达，尽管在信息技术领域之外没有任何实际意义，却是这种“神话般的现在”的另一种表现。在电子和数字媒体中，这种“神话般的现在”与显示屏的表面结合在一起，反映了我们欲望当中时间性和空间性的同步变迁。尽管“Forever 21”的互动大屏幕通过一种诱惑的方式呈现了这种变迁，但正如索布切克提醒我们的那样，“只有电子身体（corps électronique）才能居住在”[1]这种时空结构中。这也正是这些屏幕的诱惑必然包含的威胁：为了在这些屏幕中居住，人类的身体必须被简化为一个表面，并且满足在美学和伦理上被齐泽克认为是“不可能实现的要求”。“Forever 21”的口号（永远保持21岁）正是这一现象的体现。在互动屏幕中，模特会从人群里“捕捞”一些人，而这些被“捕捞”的人要么被变成了青蛙，要么被放进模特的手提包里。这些人象征着那些无法满足后现代超我命令的人，他们被“后现代超我”的化身随意惩罚。

现在让我们回到时代广场，来看看另一段在网络上非常火的视频：一个年轻人用视频记录他“入侵”（pirater）大屏幕的过程，而入侵大屏幕正是为了在上面播放一段他解释其黑客技术的视频。不论这种技术的真假，这段视频让我们不仅能够确认，还能进一步明确，

1 V. Sobchack，*Carnal Thoughts: Embodiment and Moving Image Culture*，Berkeley Los Angeles London，University of California Press，2004，p. 159.

在当前我们与屏幕的关系中，欲望的时间性和空间性同步发生变迁的特征：正如我所说的，哪怕只是一瞬间，人们也想要出现在屏幕表面上，以便在上面看到自己，仿佛这是他者视角下的一个他人（un autre vu par autrui）。

《我是如何入侵屏幕的》（纽约时代广场，2011）
来源：© https://www.youtube.com/watch?v=s_HUYi9aVvI
（BITcrash44，13 mars 2011）

这种动态机制在后现代超我的视角下重新塑造了私密性（intimité）与外密性（extimité）之间的关系，同时重新定义了自恋（narcissisme）[1]。这种机制无疑也在像脸书（Facebook）这样的社交网络中发挥着重要作用。我们甚至可以说，这些社交网络的巨大

1　如果说一方面我同意塞尔日·蒂斯隆的观点，即认为不应将“外密性”与“私密性”对立起来，那么另一方面，我也不认为有必要将“外密性”与“自恋”对立起来。关于这一点，可以参见 S. Tisseron，«Intimité et extimité»，*Communications*，88，2011，numéro dirigé par A. A. Casilli et consacré à «Cultures du numérique»，pp. 83-91.

成功主要就是归功于这一机制。[1]然而，需要注意的是，这些社交网络所产生的“新型表达方式”（nouvelle expressivité）“并不仅仅是自恋的”[2]。其实可以说，有一个可以被这样定义的要素，已经融入数字社交网络构建和传播的那种欲望之中，成为其中的一个基本组成部分。这种欲望是“个性化与独特化表达的欲望，而这种欲望使得每个人的身份建构越来越依赖于他从其他人那里获得的认同”[3]。从这个意义上讲，这些社交网络放大了屏幕的作用，屏幕作为建立关系的界面得到了前所未有的突显和强调。的确，这些关系受到了前文借助最后一个视频所尝试阐述的动态机制的深刻影响，但与此同时，我们必须承认，数字社交网络的成功标志着这种动态机制的蔓延。尽管神话里纳西索斯（Narcisse）因为自恋走向死亡，但是这种动态机制却鼓励人们在屏幕建立的关系中寻找某种证明，或者至少是关于自己日常存在的反馈。而无论是证明还是反馈都是借助他人的目光完成的，就像拉康所说的“镜

1　与此相反，吉尔·利波维茨基（Gilles Lipovetsky）和让·塞鲁瓦（Jean Serroy）在《总体屏幕》（*L'écran global*）的“序言”中声称“这是托付给 Facebook 照片墙的透明自我的时代”，因为在他们看来，Facebook 提供了一种“实时的未经修饰的自画像”。对此，我们只能引用同一页中的另一句话来评论：“彻底错误的视角。”参见 G. Lipovetsky，J. Serroy，*L'écran global*，Paris，Seuil，2011，p. XIII.

2　D. Cardon，«Réseaux sociaux de l'Internet»，*Communications*，88，2011，p. 144.

3　D. Cardon，«Réseaux sociaux de l'Internet»，*Communications*，88，2011，p. 147.

像阶段”中，儿童借助镜子中父亲或母亲的目光完成自我身份认同。

因此，仅仅说我们今天生活在屏幕之中（vivre parmi les écrans）还显得过于局限，因为更确切地说，我们还是依赖着屏幕生活（vivre par eux）。从这个意义上讲，无疑在“后现代状况”下发挥作用的“自恋文化”（culture du narcissisme）[1]，在屏幕上找到了其最适合的反射表面。

正是这种在电子和数字媒体体验里发挥作用的模糊欲望，与 2011 年由“W Atjust”机构为法国高级视听委员会（Conseil Supérieur de l’Audiovisuel）制作的法语视频《影像的陷阱》（*Le Piège des images*）相呼应。在这个视频中，渴望出现在屏幕上的梦想变成了一种噩梦。除了配乐，视频中空荡荡的房间中被遗弃的玩具，以及那个男孩在不同屏幕后面敲打的声音，还有他被囚禁时发出的压抑叫喊都让气氛变得令人不安。这种气氛为标语的出现做好了铺垫：“不要让我们的孩子被影像所困。”而在片尾字幕中又出现了另一条呼吁：“面对屏幕请让我们负起责任。”[2]

---

1 在此我参考了 C. Lasch，*La culture du narcissisme. La vie américaine à un âge de déclin des espérances*，trad. fr. M. Landa，Paris，Flammarion，2006. 这本书于 1979 年出版于美国，这一年正是利奥塔《后现代状况》出版的年份。

2 关于孩子与屏幕的关系问题，有另外一种更加公正细致的观点，参见 J.-F. Bach，O. Houdé，P. Léna，S. Tisseron，*L’enfant et les écrans: Un Avis de l’Académie des sciences*，Paris，Le Pommier，2013.

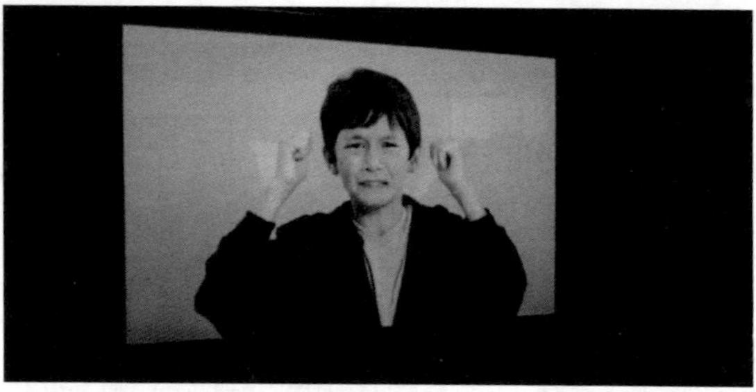

视频《影像的陷阱》（马修·沃特克，2011）
来源：Prod. BD © Rods Film / DR

在这段视频中，场景与标语之间鲜明的对比最让人震撼：一方面视频所呈现的完全是当代的情境，另一方面，第一句标语中使用的陈旧表达——“不要让我们的孩子被影像所困”立刻让我们想到柏拉图对图像的谴责，这种谴责自我们的文化诞生时就出现，并一直延续至今。不过，片尾字幕提到了另一个新元素，也就是以复数形式提到的屏幕，它是传播影像这一持久危险因素的新媒介。总之，与柏拉图在“洞穴比喻”中所设想的那个影子投射其上的“垂直表面”相比，这段视频似乎更清晰地揭示了屏幕的危险性。此外，这段视频也让我们想起来彼得·威尔（Peter Weir）执导的电影《楚门的世界》（*The Truman Show*，1998）。这部影片再次展现了一个集中营式的环境，影像在其中发挥着绝对的欺骗性力量，制造着幻觉。同时，这部影片也再次提出了人们可以找到出口、走到围墙之外，从而逃离这一环境的可能性。

对比《楚门的世界》和《影像的陷阱》两部电影，我们还能发现一个重要差异。这个差异主要体现在不同时期我们与屏幕的关系上：与传统的电影或电视体验（无论如何，它们在空间和时间上通常还是有边界的）相比，当代屏幕无处不在且不断增加，我们似乎很难再找到出口从里面逃离。

电影《楚门的世界》（彼得·威尔，1998）
来源：Prod. BD © Paramount / DR

最后，如果说在这些屏幕面前欲望正在发生改变，那也是因为我在上一章结尾列举的那些屏幕的特点唤醒了一些古老的恐惧，比如人们害怕被囚禁的恐惧。仔细想来，电影《后窗》的主角最终被推出窗外，这样的噩梦不过是这种恐惧的现代变体，而因为这种噩梦比较短暂而且是虚构的，所以显得没有那么悲惨。然而，现如今这种悲惨的感觉却以一种更加激烈的形式回归了。一个垂直的表面仿佛依旧从形而上学的角度区分了内部和外部，在此情形下我们又觉得自己被囚禁了。

不过，在这个问题上，《楚门的世界》中那档电视节目（楚门在毫不知情的情况下一直是这档节目的主角）的创作者并没有说错，他认为“节目之外的世界并不比节目里有更多真相”。但此处的原因并不像一些人所说的，电子屏幕和数字屏幕让现实消失了。真正的原因在于现实从来不是作为最初给定的事实或者最终的真相存在，现实从来没有与图像分离开，而且我们总是借助图像来靠近现实。换句话说，现实始终在这种与图像及其媒介的相互参照关系中呈现出来，正如梅洛－庞蒂将视觉解释成“互为先行”的过程时所暗示的那样。

第三章　借助屏幕或在屏幕之中从事哲学

新型的义肢

根据弗朗切斯科·卡塞蒂和维维安·索布切克的看法，“显示屏”这个词比其他词都更能定义屏幕在今天对我们所产生的意义。但这个词是否足以描述屏幕经验在未来可能呈现的面貌呢？针对这个问题，我想建议我们从另一个词切入，而当前正在发生的知觉革命赋予了这个词一种新的含义。这个词就是“义肢”（prothèse）。

在有关技术的反思中，“义肢”这个词并不算新颖。然而，我认为现在有必要回顾一下这个词的历史。希腊词“próthesis”的意思是放在某个东西之前或者替代某个东西的事物，根据这一含义，在医学领域——这也是我反思的起点——“义肢”通常是指用于部分或者完全替代某些身体器官（这些器官的功能一般受到损害）的有机或无机结构，这种替代依据的是“经典的治疗或修复模式”[1]。然而，当西方社会从工业化阶段

1　T. Hoquet，*Cyborg Philosophie: Penser contre les dualismes*，Paris，Seuil，2011，p. 344. 关于“问题现状”的介绍和讨论，可以参考第 343–346 页。

过渡到所谓的“后工业阶段”（利奥塔所描述的“后现代状况”[1]）时，特别是当这一社会过渡伴随着一次质的技术性飞跃时，原来的定义就显得更加局限，甚至问题重重。

在这种情况下，如今“义肢”一词的含义相对于其词源含义来说得到了扩展。它不仅被用来指称那些用于恢复器官功能的人工装置，也用于描述那些旨在增强甚至改变人类知觉（这一点与移动密切相关）、情绪体验、认知和行动能力的“人造物”。科学革命不再像以前那样仅仅通过电机装置或者化学制品对人类身体施加影响，而且也借助微型装置或者数字技术来增强和扩展人类的潜能。用马歇尔·麦克卢汉的话说，这是对人的延伸（étendre）。[2]

在目前的可穿戴技术中，人体与周围环境的关系得到了进一步的扩展。事实上，这些技术将我们对周围世界的审美–感知体验与同步获取的相关数字信息整合到一起，从而让我们能够接触到一种“增强现实”（réalité augmentée）。基于此，这些可穿戴设备特别关注增强现实中空间关系的塑造。但考虑到在我们的日常经验中，空间和时间是不可分割的，所以在这些“义肢”构建的

1 J.-F. Lyotard，*La condition postmoderne*，Paris，Minuit，1979，p. 11.

2 参见 M. McLuhan，*Pour comprendre les medias. Les prolongements technologiques de l'homme*（1964），trad. fr. J. Paré，Paris，Seuil，1968，p. 23. 麦克卢汉总体上认为，“技术是动物有机体的延伸”（第 270 页）。根据他的观点，我当前所谈论的这一历史阶段，其特征是“对意识的技术性”的延伸（第 21 页）。

增强现实里，时间和空间的关联也同样密不可分。

与此同时，另外一种“义肢”也在深刻改变着当今社会，它更直接地影响着我们“在世存在”的时间维度。研究西方哲学的日本学者石田英敬（Hidetaka Ishida）曾对此有论述[1]，但他肯定不是唯一一个注意到这种变化的人。美国学者理查德·格鲁辛（Richard Grusin）在“9·11”恐怖袭击事件后，观察到了这一变化在新闻媒体中的作用，并指出这一趋势正在全球范围内蔓延。格鲁辛将其称为“预先媒介化（Premediation）”[2]，是指一些媒体对未来可能发生的、具有潜在创伤性的事件所做的程序化关注，目的是避免这些事件对我们的生活产生类似于双子大厦袭击事件的冲击效应。格鲁辛指出：“预先媒介化与预测不同。预先媒介化的重点不在于找到‘正确的未来’。实际上，正是未来情境的多样化使得预先媒介化能够产生并维持一种较低的焦虑水平，以防止创伤性未来的到来。”[3]

我自己也体验过这种独特的动态机制。2012 年 10 月底，我在飓风“桑迪”（Sandy）到来前的半天抵达了

1 参见 H. Ishida，«Le temps des catastrophes dans l'âge de l'information»，intervention à la 5e édition des *Entretiens du Nouveau Monde industriel*，organisée par l'«Institut de recherche et d'innovation» du Centre Pompidou，Paris 2011，transcription inédite.

2 R. Grusin，*Premediation: Affect and mediality after 9/11*，London，Palgrave Macmillan，2010.

3 R. Grusin，*Premediation: Affect and mediality after 9/11*，London，Palgrave Macmillan，2010，p. 46.

纽约。当时，所有的地方电视台都在建议人们储备食物，并在接下来的两天两夜尽量待在家里。毫无疑问，在接下来的时间里，人们持续关注着这些地方电视台，期待着相关情况的最新报道，但这些报道又不可避免地姗姗来迟。在这种情形下，人们就观看一些记者的现场实时报道，这些记者被派往纽约市的战略要地，比如曼哈顿岛的南端。一位现场记者专注于他的独家新闻，展示了通往海湾的小楼梯上的一层台阶，这层台阶在前一天还能看见，但现在已经被水淹没了！

总而言之，即将来临的潜在灾难早已通过那些在严格意义上被称为“非 – 新闻”（non-nouvelles）的内容进行了预先媒介化（prémédiée）。这些内容的传播“既是为了制造焦虑，也是为了抑制焦虑”。[1]

这就是我所提到的动态机制在当前的信息媒体中发挥作用的方式：与其说这些媒体关注现在或者刚刚发生的事情，不如说它们更关注未来，这是它们最在意的时间维度。而这样做的目的是限制与这一时间维度息息相关的社会不安，特别是在一个“9·11”事件开启的灾难时代中。

石田英敬提到另一个极具代表性的灾难性事件，即2011 年 3 月 11 日在日本发生的大地震，这场灾难引发

1 R. Grusin，*Premediation: Affect and mediality after 9/11*，London，Palgrave Macmillan，2010，p. 15.

了一系列连锁反应，包括地震、海啸和福岛核事故。石田英敬解释说，早在那个时候，日本就有一个信息系统，能够在地震发生后的几秒内通过手机等媒介通知群众地震的消息，同时告诉他们可能的后果。在我看来，石田英敬没有意识到这个系统主要是针对刚刚发生的灾难，而不是即将发生的事件。不过，这个系统和格鲁辛在当今信息媒体中发现的“预先媒介化”机制功能类似，它们都旨在限制灾难在社会中引发的不安，告诉民众风险处在持续的监控之中。石田英敬认为，在日本社会，这种功能是借助一种他称为“控制论警报回路”（le circuit cybernétique d'alarme）的系统实现的。他借鉴胡塞尔对时间性的描述，指出这一回路能够将“人类时间（temps humain）中的前摄（protension）义肢化（prothétise）”[1]，这里的人类时间就是现象学中所说的“生活时间”（temps vécu）。

因此，格鲁辛分析的当代信息媒体以及石田英敬描述的警报系统都发挥着类似的功能，它们都是一种时间性（temporelle）的义肢。不过在这种情况下，“义肢”所涉及的已经不仅仅是无机人造物（artefacts inorganiques），在这里，媒体或控制论回路已经成为福

1 H. Ishida，«Le temps des catastrophes dans l'âge de l'information»，intervention à la 5e édition des *Entretiens du Nouveau Monde industriel*，organisée par l'«Institut de recherche et d'innovation» du Centre Pompidou，Paris 2011，transcription inédite，p. 3.

柯所说的“装置”的一部分，这个装置在福柯看来就是“一个绝对异质的整体，包括言论、制度”[1]、知识以及权力。然而，这些装置的运作方式与无机人造物并无太大不同。它们作为新型的义肢，也在扩展我们的潜能，但这种扩展需要以某种“委任”（délégation）作为交换。在这里，“委任”一词表示委托方和受托方之间一种模糊的关系，这种关系与双方的绝对对立不同。这种关系是一个暂时的代理，即委托方将某种任务交给代理人，而又保留在必要时收回这种任务的权力。在当前的语境下，被委托的任务一部分是我们对于自身的控制（maîtrise），这种控制表现在我们每天让自己适当焦虑。正如格鲁辛所言，当看到电视屏幕上的突发新闻时，我们就感到了这种焦虑。以此为代价，我们获得了更强的应对未来的能力，特别是这个未来越来越多地暴露在各种类型的灾难风险之中。

此外，必须明确的是，这种时间性的义肢并不是简单地叠加在“人类时间”之上，也不是说依靠这种义肢，人类时间就能免受历史变迁的影响。相反，这种时间性的义肢最终会汇入人类时间，并且改变人类时间与历史变迁的关系。

简言之，当代义肢系统所设想的人类潜能扩展——

---

1 M. Foucault，«Le jeu de Foucault»（1977），dans *Dits et écrits 1954-1988*，vol. IV：1976-1979，éd. D. Defert et F. Ewald avec la collaboration de J. Lagrange，Paris，Gallimard，1994，p. 299.

无论其结果是真实的还是假设的——都深刻地影响着我们与世界的审美－感知关系。这种关系不仅仅涉及知觉，还涉及记忆、想象力和欲望。

此外，还必须补充的是，在这样的关系中，我们潜能的扩展也伴随着一种麻木（an-esthésie）[1]，具体来说，就是对于焦虑的麻木。

因此，当代义肢系统意味着潜能的扩展不仅仅伴随着委任（développement des potentialités/délégation），还伴随着麻木（développement des potentialités/anesthésie）。在这里，麻木就是一种"减少对于偶发事件的感知暴露"[2]的倾向。从现象学的角度来看，这种麻木保护了人类面向未来的动态视野免遭偶发事件的威胁[3]。

总之，人类感知潜能如今经历了扩展、委任以及麻木等一系列变革，这些变革如此深刻，以至我们可以理解其巨大的影响力，但无法预见其未来的走势。

---

1 P. Montani, *Bioesthétique. Sens commun, technique et art à l'âge de la globalisation*（2007），trad. fr. J.-C. Cavallin，Paris，Vrin，2013，pp. 107-109.

2 P. Montani, *Bioesthétique. Sens commun, technique et art à l'âge de la globalisation*（2007），trad. fr. J.-C. Cavallin，Paris，Vrin，2013，p. 9.

3 对于"9·11"恐怖袭击事件，雅克·德里达曾表示："这是一次创伤，因此也是一个事件。其时间性既不源于'当下的现在'，也不源于'已经过去的现在'，而是源于'来自未来的无法呈现的事物'。……当'恶'源自未来会出现糟糕情况的可能性，或未来会重复之前的事情但更为糟糕，创伤就会产生，而这无法通过哀悼的方式来化解。创伤并不是由一场已经'完成'的曾经的攻击所引发的，而是由未来的威胁即更糟的可能性所引发的。"参见 J. Derrida，«Auto-immunités，suicides réels et symboliques»，dans J. Derrida，J. Habermas，*Le «concept» du 11 septembre. Dialogues à New York (octobre-décembre 2001)*，présentés et commentés par G. Borradori，Paris，Galilée，2005，pp. 148-149.

屏幕与“9 · 11”事件

到目前为止，我们所研究的两个有关新型义肢的代表性案例都将屏幕视为首选的交互界面。如今，正是屏幕丰富了我们的现实，让增强现实的体验成为可能。至于屏幕在刚刚提到的时间性义肢中发挥的作用，只需阅读与此相关的几段文本即可明了。

石田英敬写道：“我自己当时正身处东京（距离震中约 375 千米），我即刻在手机上收到了警报，手机屏幕上显示了震中位置和地震等级，并以红色标出了海啸警报。”[1]

另外，格鲁辛写道：“恐怖袭击、火灾和双子大厦倒塌的即时性，与其在世界各地的屏幕上高度媒介化的传播特性相结合，使得许多人将‘9·11’事件描述为‘第一个全球性的实时媒体事件’。”[2]

如今，众多新型义肢正在改变我们与世界的审美－感知关系，而屏幕在其中占据着核心地位。这是因为，屏幕既可以作为独立的义肢发挥作用，也可以作为某些更复杂的义肢装置的关键组成部分来运作。正如格鲁辛所指出的，“9·11”事件为屏幕占据这一核心

---

1 H. Ishida, «Le temps des catastrophes dans l'âge de l'information», intervention à la 5e édition des *Entretiens du Nouveau Monde industriel*, organisée par l'«Institut de recherche et d'innovation» du Centre Pompidou, Paris 2011, transcription inédite, p. 3.

2 R. Grusin, *Premediation: Affect and mediality after 9/11*, London, Palgrave Macmillan, 2010, p. 11.

地位提供了决定性的推动力。[1] 诚然，所谓的“图像转向”（tournant iconique）早在 20 世纪 90 年代就已经随着数字革命的浪潮展开了，它让我们拥有了一系列全新的生活体验，从而改变了我们与视觉和图像的关系。如果没有这一转向，“9·11”事件也不可能被视为“第一个全球性的实时媒体事件”。此外，“9·11”事件对于屏幕地位的推动，并不仅仅局限于事件发生的那一天。事实上，正是最为熟悉的屏幕——电视屏幕，将双子大厦袭击转变为“第一个全球性的实时媒体事件”。然而，那一天对电视的使用并不足以概括“9·11”事件对于屏幕的推动力，后者促使我们越来越多地借助屏幕或在屏幕之中生活。可以说，那一天，图像转向带来的革新与恐袭事件同时呈现在全世界面前，并与事件本身融合为一个极其视觉化的事件，这一事件的冲击力改变了我们观看世界本身的方式[2]。仿佛在那一刻，这些革新展示出了其巨大的潜力——将“全世界的人变成一个目瞪口呆的目击者”[3] 的潜力。在接下来的几年中，尤其是通过新媒体，这

1 根据艾伦·费尔德曼的观点，“9·11 事件”本身已经成为“一种文化义肢（prothèse culturelle），一种历史知觉的装置（dispositif de perception historique）”，参见 A. Feldman，«Ground Zero Point One：on the Cinematics of History»（2002），in B. Kapferer（ed.），*The World Trade Center and Global Crisis. Critical Perspectives*，New York，Berghahn Books，2004，p. 34.

2 C. Guillot，«Un événement photographique»，*Le Monde*，10 septembre 2011，p. 24.

3 J. Habermas，«Fondamentalisme et terreur»，dans J. Derrida，J. Habermas，*Le «concept» du 11 septembre. Dialogues à New York (octobre-décembre 2001)*，présentés et commentés par G. Borradori，Paris，Galilée，2005，p. 58.

些潜力被进一步挖掘，这些新媒体在某些方面挑战了电视的主导地位，甚至在某些观众那里颠覆了电视的影响力[1]。

关于这个问题，我认为英国电视剧《黑镜》（*Black Mirror*）的第一集为我们提供了一个很好的例子。这部电视剧的剧名就指向屏幕在当下以及未来不久的演变与蔓延[2]。我讨论的这一集名为《国歌》（*The National Anthem*），由查理·布鲁克编剧，奥托·巴瑟斯特（Otto Balthurst）执导，于2011年在英国电视四台（Channel 4）首播，2014年在法国电视四台（France 4）播出。该集围绕一个奇怪的犯罪计划展开，故事发生在“9·11”事件后的一段时间，而犯罪者的目的是再次制造一场全球性的实时媒体事件。

剧中，一位英国王室成员，年轻的苏珊娜公主（Princess Susannah）被秘密绑架，犯罪者威胁要杀害公

1　格鲁辛同样认为：“‘9·11’事件……与其说是一个截然的转折或断裂，不如说是一种分水岭式的时刻，一种激进的变化，它的影响直到事件发生后的一段时间才完全显现出来。”参见 R. Grusin，*Premediation*，«Criticism»，Volume 46，n° 1，Winter 2004，p. 21. W. J. T. 米切尔的观点稍有差异，他认为，“9·11”事件之后的一段时期，“即反恐战争时期以及布什政府时期，将会在事后被视为这样一个时期：在此期间，通过新媒体加速传播与大量生产的图像，引发了集体意识出现‘图像转向’（tournant pictorial）”。参见 W. J. T. Mitchell，*Cloning terror ou la guerre des images du 11 Septembre au présent*，trad. fr. M. Boidy，S. Roth，Paris，Les Prairies Ordinaires，2011，p. 22.

2　这部电视剧的主创查理·布鲁克（Charlie Brooker）解释说：“剧名中的‘黑镜’是指你能在所有的墙壁上、办公室里以及所有人手中找到东西：电视、电脑或智能手机那冰冷而光亮的屏幕。”参见 C. Brooker，«The dark side of our gadget addiction»，*The Guardian*，1er décembre 2011，http://www.theguardian.com/technology/2011/dec/01/charlie-brooker-dark-side-gadgetaddiction-black-mirror，dernière consultation 21/12/2014.

主，除非首相同意在现场直播中羞辱自己。尽管这个事件的性质更像是一场对首相离奇的羞辱，而不是一次血腥的恐怖袭击，但剧中对“9·11”事件的直接和间接引用比比皆是。在间接引用方面，比如在这场羞辱性事件发生的一年后，一条英国电视新闻报道说：“一位评论家称此事件是‘21世纪第一件真正的艺术品’，从而引发了争议。”这显然指向了德国音乐家卡尔海因兹·斯托克豪森（Karlheinz Stockhausen）在双子塔倒塌几天后发表的令人困惑的声明[1]。此外，新闻报道还提到了观看直播的人数众多，并称这是一场“我们所有人都参与其中的事件”。

通过这些引用，这一集电视剧提出了这样一个问题：“9·11”事件彰显了电视在信息传播方面的主导地位，但仅仅几年之后，如果其他犯罪分子又策划了一场全球性实时媒体事件，而一个西方政府试图通过对国家电视台进行审查以阻止其传播，会发生什么呢？答案是：在这段时间里，电视看似无可匹敌的主导地位已经被大大削弱了，因为越来越多的观众更倾向于使用新媒体。即便国家电视台屈服于审查压力，现在这些新媒体也可以赋予一个事件全球范围的影响力。总之，这集电视剧告诉我们，在如今的信息传播体系中，即便电视作为一种普及化程度很高的媒介，是无法绕开的存在，

1 “9·11”事件后，卡尔海因兹·斯托克豪森把世贸中心的毁灭称为世界上“最伟大的艺术作品”。——译者注

但它已经越来越退居二线。这一信息传播体系如今更依赖互联网、优兔（YouTube）、推特（Twitter）、脸书（Facebook）等新媒体之间的激烈竞争。

整体来看，这些媒体的屏幕，无论它们之间是相似还是不同的关系，都形成了我们今天的全球性广场（agora globale），同时也不可避免地成为全球性的竞技场（arène globale）。在这个广场或竞技场上，我们看到一些悲剧性事件被展示出来，例如“9·11”恐怖袭击事件，另外还有一些动态机制则在悄无声息地运作着，比如与大数据有关的动态机制[1]。

此外，在格鲁辛描述的时间性义肢装置中，电视还是作为一个普及化程度很高的核心媒介。但它不仅仅扮演这样的角色。让我们再回到“9·11”事件，电视屏幕在事件发生后反复播放第二架飞机撞向南塔的场景，于是艾伦·费尔德曼便赋予电视另一个同样重要的角色：它“为公众提供了一种‘时间疗法’，这种疗法通过反复让公众见证这一机械化的事件序列，恢复了被袭击事件中断的时间线”[2]。

---

1 关于大数据相关的动态机制，参见 B. Stiegler，*La société automatique: 1. L'avenir du travail*，Paris，Fayard，2015.

2 A. Feldman，«Ground Zero Point One：on the Cinematics of History»（2002），in B. Kapferer（ed.），*The World Trade Center and Global Crisis. Critical Perspectives*，New York，Berghahn Books，2004，p. 30. 参见我在 *Être morts ensemble* 一书中的最后一章，探讨了这种“时间疗法”对我们与世界的审美－感知关系的影响及其政治意义。参见 M. Carbone，*Être morts ensemble*，Genève，MētisPresses，2013，p. 113 *sq*.

因此在灾难时代，电视作为一种时间性义肢，旨在恢复（rétablir）并同时发展（développer）我们的某些能力。另外，将我们的时代理解为一个灾难时代，后现代似乎就不需要再纠结于它与现代性之间模糊的关系，不需要再纠结于它的过往，而能够转身面对来自未来的挑战，面对可能的灾难风险。因此，后现代的计划（pro-jet）变成了通过时间性义肢（pro-thèses）来保护（pro-tection）人们的前摄（protension），因为这种义肢能够对未来的时间进行预先媒介化。这里众多的前缀"pro"充分说明这一计划是朝向未来的。

我并不认为这些治疗或义肢效果是当代社会独有的特征。这些效果的真正特殊之处在于它们与当代社会对自身的表征（autoreprésentation）紧密相关。这种表征将当代社会视为灾难时代，它无疑是由现代性奠定形成的。而现代性的特点就是人类自身有限的认知，更具讽刺性的意味是，现代性一直持有的对进步的信念，在广岛被进步自身催生的最高"成果"——原子弹爆炸所炸毁。[1]不过，我之前提到的那些治疗或义肢效果，也可以在瓦尔特·本雅明对弗洛伊德精神分析的解读中找到。这一解读是为了描述现代性中"经验的日益衰退"

1　参见 G. Anders, *Le Temps de la fin*（1960）, trad. fr. C. David, Paris, L'Herne, 2007, ainsi que M. Foessel, *Après la fin du monde: Critique de la raison apocalyptique*, Paris, Seuil, 2012.

(étiolement croissant de l'expérience)[1]。事实上，本雅明的这一分析与艾伦·费尔德曼和理查德·格鲁辛的分析极为接近（后者实际上回应了前者的思想），以至本雅明的分析看起来好像也是在"9·11"事件之后提出的，并且也指向这一事件："在弗洛伊德看来，意识本身并不会记录记忆的痕迹。相反，它还有另外一个重要的功能。意识会介入以保护个体免受刺激的伤害。……这些能量带来的威胁即'冲击'的威胁。意识越习惯于记录这些冲击，冲击带来的创伤性影响就越少。"[2]

因此，在本雅明对弗洛伊德的解读中，我们已经看到人们在面对知觉和情感冲击时对于保护的需求，这些冲击是特定时代的典型特征，在本雅明那里就是现代社会。我们从格鲁辛的分析中也能看到同样的需求。此外，从本雅明的这些解读中，我们还可以发现一种人们对于重新掌控自身知觉与情感生活的隐性需求，这种需求往往在受到冲击干扰的情况下被表现出来，尽管这种重新掌控可能是以牺牲对这些冲击的真实记忆为代价的。面对"9·11"事件图像所引发的冲击，费尔德曼谈到了针对创伤的治疗，这是同样的需求。

关于媒介对这些需求的回应，本雅明在《机械复

1 W. Benjamin，«Sur quelques thèmes baudelairiens»（1939-1940），dans *Baudelaire*，trad. fr. P. Charbonneau，Paris，La fabrique，2013，p. 955.

2 W. Benjamin，«Sur quelques thèmes baudelairiens»（1939-1940），dans *Baudelaire*，trad. fr. P. Charbonneau，Paris，La fabrique，2013，p. 957.

制时代的艺术作品》中强调说“电影所产生的冲击效果……只有通过加强注意力才能被缓解”[1]，而这种注意力的加强正好可以保护早期的现代都市人免受其他类似冲击的影响。结合前面的讨论，我们可以发现，本雅明的这一反思揭示了这样一个事实：屏幕一直以来，或至少从它进入公共娱乐领域以来，就始终是发展我们知觉－记忆－想象－欲望系统的义肢。但这样说还不够，借用本雅明的话，我们还必须强调，这种义肢的发展同时伴随着一种“衰退”（étiolement）。需要注意的是，这并不是说“衰退”迫使人们诉诸这种义肢，而是说这种义肢本身就包含“衰退”。换句话说，潜力的扩展本身会导致某种程度的衰退。[2]

这一点使我们能更清楚地揭示出新型义肢两组特性的内在联系，即我在本章第一小节末尾提到的：感知潜能的扩展伴随着委任，以及麻木。事实上，现在我们可以断言，这种潜能的扩展会引发一种“硬化”（cal）或“耐受化”（mithridatisation）——这是本雅明和格鲁辛论述中隐含的意思——而这个过程会进一步导致“习惯化”（accoutumance）以及“麻木化”（an-esthétisation）。

1　W. Benjamin, *L'œuvre d'art à l'époque de sa reproductibilité technique*, trad. fr. M. de Gandillac revue par R. Rochlitz，Paris，Gallimard，2008，p. 47.

2　关于这个问题，麦克卢汉使用了“numbness”一词，法语译作“迟钝”（torpeur），用来描述“每一种延伸（extension）都会在个体和社会中引发的这种变化”。参见 M. McLuhan，*Pour comprendre les medias. Les prolongements technologiques de l'homme*（1964），trad. fr. J. Paré，Paris，Seuil，1968，p. 24.

正如格鲁辛所说："维持一种较低的焦虑水平，以防止创伤性未来的到来。"与此同时，这种潜能的扩展也包含一种委任，而这种委任与麻木化共同作用，从某种趋势上来说，逐渐削弱了人们对被委托能力的自主运用。

主体化，个体化，区分化

那么在这种情况下，我们又该如何理解康德在《纯粹理性批判》中所说的"美学"（esthétique）呢？康德认为美学是对空间和时间的反思，而空间和时间则是组织我们感性经验的先天形式。这是一个十分关键的问题，因为我们说过，新型的义肢正通过改变时空形式本身来重塑我们的感性经验。另外，这一观察本身也解释了胡塞尔现象学对于康德先验美学的批评。胡塞尔指出康德的美学未能深入探索原初的审美－感性经验，而这种原初经验的时空形式是由主体性（subjectivité）基于我们身体与世界的关系所给出的。然而，胡塞尔倾向于将这种主体性视为"绝对的普遍主体性"[1]，并将这种为"生活世界"（monde de la vie）奠定基础的经验视为一种"不变的（invariant）"经验。对此，帕托契卡提出了反对意见。他指出："即使从生理学的角度来看，感觉器官是相同的，但我们今天的知觉与古希腊人也不相

1　E. Husserl，*La crise des sciences européennes et la phénoménologie transcendantale*（1954），trad. fr. G. Granel，Paris，Gallimard，1976，§ 29，p. 129.

同。去神化（dédivinisée）时代的人不仅看到的是不同的事物，而且看事物的方式也不同。”[1]

维维安·索布切克提醒我们，我们的生活世界并不是不变的，它是一个由屏幕构成的世界。[2]此外，我想强调，审美－感性经验的变化会反向作用于这些经验的先天形式，换句话说，这些所谓的先天形式实际上并不是先天的，它们更多揭示的是这些经验自身先验化的进程（devenir transcendantal de l’expérience elle-même）。新型义肢正是这样一种例子，因为它们会对人类的能力产生反向作用，所以我们不能把人类的能力视为一成不变的。

这就是为什么我们与其使用“主体性”，不如使用“主体化”一词。实际上，福柯就是使用“主体化”来表示特定主体构型（configuration du sujet）以及特定装置的历史性建构过程。然而，“主体化”这个词最终仍与“主体”（sujet）这一概念相关联，这可能导致我们赋予它一种超历史的（surhistorique）特性，这与福柯的历史批判立场不符。因此，我认为更合适的术语是吉尔贝·西蒙东提出的“个体化”一词。尽管西蒙东也使

1 J. Patočka, *Essais hérétiques sur la philosophie de l’histoire*, trad. fr. E. Abrams, Paris, Verdier, 1981, p. 26.

2 V. Sobchack, «Comprendre les écrans：une méditation in medias res», dans M. Carbone, A. C. Delmasso, J. éd. Bodini, *Vivre par (mi) les écrans*, Dijon, Les presses du réel, 2016, p. 30.

用主体一词[1]，但在他那里，主体可以被视为个体化过程中的一种特定的、具有历史特征的形式。

众所周知，传统的“个体”概念通常被理解为预先设定的形而上学过程的终点，是这个过程的稳定产物。与此不同的是，西蒙东认为个体化是一个亚稳态的动态生成过程（devenir métastable）。这个过程可以在物理层面停留，也可以延伸到生命体的层面，或者进一步扩展到心理层面和集体层面。

我特别关注此处最后两种个体化——“它们彼此相互关联的个体化”[2]。事实上，这些概念对于描述我们与某些权力和知识装置之间的构成性和亚稳态关系，尤其是这些关系的集体层面，具有独特的解释力。此外，这些概念也能帮助我们理解自身与作为“技术物”（objets techniques）的新型义肢的关系。正如西蒙东所解释的，技术物本身也可以经历多个个体化过程，这些个体化过程与我们的个体化相互耦合，在这种情况下，心理层面的作用将会更加凸显。

此外，正如我在前一章中曾提到的，这种根本性的耦合关系使得西蒙东深信，我们与世界的审美－感知关系无法脱离技术中介，这也促使他在 1982 年给雅

1　参见 G. Simondon，*L'individuation à la lumière des notions de forme et d'information*，préface de J. Garelli，Grenoble，Millon，2005，p. 29.

2　G. Simondon，*L'individuation à la lumière des notions de forme et d'information*，préface de J. Garelli，Grenoble，Millon，2005，p. 29.

克·德里达的一封信中提出了“技术美学”的概念[1]。实际上，“技术美学”这一术语的目的是命名我们与世界的审美－感知关系，这种关系不仅带有其特有的情感色彩（tonalité affective），而且从一开始就被技术所标记（也因此被历史性地标记）。这种关系始终是一个“个体化的剧场”（théâtre d’individuations）[2]，在这个剧场中，我们自己不仅经历着个体化，技术物也在经历着个体化，而我们与这些技术物之间是不可分割地耦合在一起的。

在这样的背景下，我对乔治·阿甘本的一个观点特别感兴趣。在扩展了福柯对装置的解释后，阿甘本将我们一直在讨论的新型义肢也纳入了装置的范畴。他写道：“同一个个体……可以成为多个主体化进程的场所……。我们这个时代装置的无限发展，与同样无限的主体化进程的发展相呼应。”[3]

从西蒙东对“个体”概念的批判角度来看，阿甘本的这段话将我们与多种“新型义肢”的耦合描述为多重个体化的剧场，并由此促使我们开始探讨与“后人类”（post-humain）相关的问题。“后人类”这一思想

1　G. Simondon，«Sur la techno-esthétique»（daté du 3 juillet 1982），dans *Sur la technique (1953-1983)*，Paris，P. U. F.，2014，pp. 391-392.

2　G. Simondon，*L’individuation à la lumière des notions de forme et d’information*，préface de J. Garelli，Grenoble，Millon，2005，p. 29.

3　G. Agamben，*Qu’est-ce qu’un dispositif?*（2006），trad. fr. M. Rueff，Paris，Payot & Rivages，2007，pp. 32-33.

趋势旨在重新讨论传统的关于人类本质的概念，质疑这一概念的纯粹性和稳定性。这些问题也在一些科幻电影中得到了隐约的体现，特别是在斯派克·琼斯（Spike Jonze）执导的电影《她》（*Her*，2013）中。影片故事发生在由数字革命所勾勒的未来，其中一个关键时刻尤其具有象征意义。主角与一个操作系统谈起了恋爱，这个操作系统是由斯嘉丽·约翰逊（Scarlett Johansson）配音的。在某一时刻，主角问这个操作系统是否爱上了别人。操作系统给出了一个极其精确的答案：641。这一瞬间，主角震惊无比。然而，尽管主角这一瞬间的惊讶说明了一个极为深刻的问题，但影片却没有对其展开进一步探讨，而是迅速退回到剧情片的传统框架中，就像影片主角表现的那样，好像什么也没搞明白。但实际上，这个问题却是至关重要的。这种问题的提出，是当身份被多重关系重塑、被视作“流动的身份”时所必然面临的挑战。在这种情况下，身份每次都由个体与他人以及世界的关系重新界定[1]。事实上，如果我的伴侣——无论是人类还是操作系统——对我说“我爱你”，与此同时他 / 她也对 641 个人说了同样的话，那么，我的身份将会变成什么样？我一向认为自己的身份是稳定的、

1　西蒙东明确指出：“通常被视为‘关系’的东西（之所以被这样看待，是因为对个体存在的实体化理解），实际上是个体化的一个维度，通过这个维度，个体得以生成（devient）。”参见 G. Simondon，*L'individuation à la lumière des notions de forme et d'information*，préface de J. Garelli，Grenoble，Millon，2005，p. 29.

独特的，是一个与他人无关的核心本质，是一个我可以随时回归的自我，是定义我为“个体”的东西。然而，操作系统的回答揭示了一场个体自我表征的解体。值得注意的是，“个体”（individu）一词就意味着“不可分”（indivisible），而现代性很大程度就立足于这个概念之上。

与之相反，操作系统的回答却揭示了区分化（dividualité）[1] 的机制，这一机制的发现让人不安。换句话说，“个体化”每次都成为将我们编织在一起的多重关系的另一个面向，因此，个体化不再暗示某种不可分割的残余物（résidu indivisible），它必须被重新理解为一种“区分化”（dividuation）。在我看来，“区分化”这个术语能够更准确地描述阿甘本所说的“无限的主体化进程的发展”。当然，我并不主张阿甘本似乎持有的观点，即认为“我们这个时代装置的无限发展”是这种“区分化”的开端。事实上，我的观点与之对立，我更倾向于认为，技术的新颖性与某种本体论状态

---

1 在完全不同的语境下，我曾在《普鲁斯特与当代哲学》（*Proust et la philosophie aujourd'hui*）一书的“序言”中，借助萨缪尔·贝克特（Samuel Beckett）所写《普鲁斯特》（*Proust*）开篇处那些震撼的段落讨论过这种状态［M. Carbone et E. Sparvoli（éd.），*Proust et la philosophie aujourd'hui*，Pise，ETS，2008，pp. 14-18.］。与此同时，德勒兹也在另一个截然不同的语境中使用了“区分”一词，这一语境是对电影中的“画面框架”（cadre）和“镜头”（plan）的分析。在这一分析中，我们仍然可以记住这样一句话：“整体分割成部分时，其本质每次都会发生变化：它既不是可分的（divisible），也不是不可分的（indivisible），而是‘区分化的’（dividuel）。”参见 G. Deleuze，*Cinéma 1. L'image-mouvement*，Paris，Minuit，1983，p. 26.

（condition ontologique）互动，这些技术的出现既是这种状态的产物，也使这种状态得以显现，同时对其进行了重新建构。[1]

这种"区分化"机制，正是美国心理学家雪莉·特克（Sherry Turkle）多年来一直在描述的内容。她指出："自我（Moi）不再在不同时刻以不同的配置扮演不同的角色，比如一个人在醒来时是情人（amante），准备早餐时是母亲（mère），去上班时是律师（avocate）。"[2] 在对 PC 电子游戏体验的分析中，雪莉·特克发现了一种新现象，这种新现象随后扩展到我们与屏幕的多样关系中，以及我们与屏幕所能同时开启的多重窗口之间的关系中。她进一步指出，与之前所描述的自我状态不同，如今"窗口的实际使用体验，是一个'去中心化的自我'（Moi décentré），它存在于多个世界中，同时扮演着多重角色"。[3]

借助屏幕或在屏幕之中生活，正促使我们去思考

1　这正是梅洛－庞蒂所暗示的关于身体－镜子的关系，尽管他没有完全揭示出其反向作用（effet rétroactif）。梅洛－庞蒂写道："与所有其他技术物一样，与工具、符号一样，镜子涌现在能见的身体与可见的身体之间开放的回路中。所有技术都是'身体的技术'。它表现并放大了我们肉身的形而上学结构。镜子之所以出现，是因为我是能见－可见的；因为感性本身存在一种自反性（réflexivité），而镜子将这种自反性转译并加倍（la traduit et la redouble）。"参见 M. Merleau-Ponty，*L'œil et l'esprit*，Paris，Gallimard，pp. 32-33.

2　S. Turkle，*Life on the Screen: Identity in the Age of the Internet*，New York，Simon and Schuster，1995，p. 14.

3　S. Turkle，*Life on the Screen: Identity in the Age of the Internet*，New York，Simon and Schuster，1995，p. 14.

“区分化”的状态。如果说阿尔伯蒂式的窗口曾是主客对立式存在的象征，那么在今天，电子和数字屏幕上被切割出来的窗口，通过在网络中生成多重且几乎同时的互动，“已经成为一种强有力的隐喻，帮助我们思考作为一个多重且分散的系统的自我”[1]。在这种状态下，存在被视为一种生成性、多元性和关系性的存在，基于这些特征之间共有的本体论联系以及逻辑优先性，存在得以延续、显现和更新。

然而，如何思考这样一种存在呢？西蒙东提醒我们，概念式逻辑并不足以完成这一任务[2]，因为概念的作用在于界定（dé-finir），而这种界定总是将实体视为稳定且单一的存在——简言之，就是实质化（substantialisées）的存在——而不是用来呈现关系。换句话说，概念式逻辑似乎回到了阿尔伯蒂窗口式的光学装置，并将这种装置当成我们理解世界的模型：“一个被实质化的个体，面对一个与其异质的世界。”[3]（此处再次引用西蒙东的表述）因此，概念式逻辑无法发现屏幕装置所关联的本体论和逻辑上的新特性。

值得注意的是，西蒙东对于概念所持的批判和怀疑

1 S. Turkle, *Life on the Screen: Identity in the Age of the Internet*, New York, Simon and Schuster, 1995, p. 14.

2 G. Simondon, *L'individuation à la lumière des notions de forme et d'information*, préface de J. Garelli, Grenoble, Millon, 2005, p. 32.

3 G. Simondon, *L'individuation à la lumière des notions de forme et d'information*, préface de J. Garelli, Grenoble, Millon, 2005, p. 30.

态度，与法国围绕电影展开的哲学反思具有共鸣（当然，这些反思对电影的评价不完全相同），从柏格森到梅洛－庞蒂都体现了这一点。[1]因此，我们可以断言，对概念的批判已经指向一种“电影－哲学”，这种哲学能够考虑屏幕装置所带来的本体论与逻辑上的新特性。换句话说，这指向了我所说的“屏幕－哲学”。当今屏幕的扩散与图像及图像自身逻辑的扩散是并行不悖的[2]。这种逻辑是我们与世界的感性关系的逻辑，正是基于这种逻辑，美学得以被创立。这种逻辑不可避免地超越并质疑概念的逻辑，即使人们曾试图将其简化为后者。然而，当我们的手指试图抓取（saisir）某物时——这一动作正是现代概念化进程的模型——意义（sens）却总是不断地从指缝间流走。所以，如何不陷入任何关于“不可言说”（ineffable）的修辞之中，同时解释并呈现这一现象，这是未来的哲学必须承担起的任务。

1　然而，值得指出的是，西蒙东在讨论电影时，实际上倾向于使用“概念”这一术语。他写道：“电影这样一种活动，实际上能够自行创造出概念（concepts），这些概念的使用可以通过操控电影现实来学习，但它们也可以被扩展，甚至被普遍化，从而构成一种真正的世界观。”参见 G. Simondon, «Psychosociologie du cinéma»（inédit, daté 1960）, dans *Sur la technique (1953-1983)*, Paris，P. U. F.，2014，p. 355.

2　“图像的逻辑——这正是我们的主题——是一种展示的逻辑（logique de la monstration）。”参见 G. Boehm, «Ce qui se montre. De la différence iconique», dans E. Alloa（éd.），*Penser l'image*，Dijon，Les presses du réel，2010，p. 27. 另外也参见 G. Boehm，«Die Wiederkehr der Bilder»，in G. Boehm（Hrsg.），*Was ist ein Bild?*，Munich，Fink，1994，pp. 11-38.

附　录　元屏幕的力量和“透明性 2.0”的意识形态*

屏幕是我们这个时代的主角之一，但不一定是正面角色。在一部国际上取得巨大成功的电视连续剧《黑镜》中，屏幕成了主角，实际上剧名《黑镜》就是指屏幕。这件事足以展示屏幕的力量，但还不足以详细说明其力量。不过将当代屏幕呈现为“黑镜”，这立即就提供了一些重要细节。剧名赋予屏幕的颜色表明，我们正面对的主角只是关闭的电子或数字屏幕。但是，我们必须注意，无论是在这个例子中还是在别的情况下，谈论一个没有图像或其他符号（不管是图形符号还是语音符号）的屏幕都是错误的。一方面，正是符号建立了屏幕，后者展示了符号成为符号的过程。另一方面，从互补的方面说，正是屏幕在成为符号之屏幕的同时，建立了如其所是的符号。无论对史前洞穴的岩壁，或是对印刷书

* 这篇文章最初发表于 2018 年，中文版曾发表于《北京电影学院学报》2024 年第 6 期。作为本书思考的延伸，请允许我将文章进行修订和更新后作为附录收录于此书中。

籍（是的，甚至书页也是一个屏幕[1]，事实上书页完全符合我刚才给出的定义），又或是对智能手机的显示屏来说，情况都是如此。

因此，对于关闭的屏幕，我们不能把它定义为没有图像的屏幕，而应该称之为展示其自身图像，以及随之迫近的其他图像的屏幕：简言之，就是 n 次方（à la nième puissance）的屏幕，是只能重申和赞扬其自身力量的屏幕。

另外，关于电视剧《黑镜》，它所关注的屏幕即使是关闭的，其上也有图像，剧名把屏幕称为“镜”就明确了这一点。那么，这个镜子到底反射了什么图像呢？对于这个问题的回答正是这部电视剧的意义所在：关闭的电子或数字屏幕所反射的，正是这部电视剧的观众在不远未来的生存处境。因此，这些电子或数字屏幕是即将到来的我们的生存处境的一面镜子，而我们此刻的生存处境正在为这个未来的处境做准备。总之，这些屏幕的位置——分散在各处但处处都是中心——让我们将屏幕体验为一种“部分即全貌”（pars pro toto）[2]的现

1 A.-M. Christin，«Glissements de l'énonciation：de l'autoportrait au calligramme»，dans R. Laufer（dir.），*Le Texte en mouvement,* Saint-Denis，Presses Universitaires de Vincennes，1987，p. 88.

2 W. J. T. 米切尔也用这个说法来说明屏幕在我们当今社会的位置，参见 W. J. T. Mitchell，“Screening nature（and the nature of the screen）”，*New Review of Film and Television Studies*，13：3，2015，p. 232. 感谢弗朗切斯科·卡塞蒂将这篇文章转发给我。

象，其中显示的，恰好是正在决定我们处境的"装置"（dispositif）。

请允许我在此回顾一下福柯赋予"装置"一词广泛的社会－文化内涵："我试图用这个名词表达的首先是一个绝对异质的整体，包括言论、制度、建筑布局、监管决定、法律、行政措施、科学论述、哲学、道德和慈善提议，等等，简言之，言说的和未言说之物，这些都是这个装置的要素。装置本身就是这些要素之间可以建立的网络。"[1]

根据福柯的这个定义，我似乎可以说，考虑到电子和数字屏幕在我们日常经验中分散在各处又处处是中心的特征，英国电视连续剧《黑镜》肯定不会将它们视为技术设备的简单零件，因为这样就无法解释屏幕的关键地位，以及为何该电视剧会以屏幕为名。这部电视剧必定将屏幕那闪亮的黑色表面视为一面重要的镜子，而这面镜子反射出的，我们在不久的将来即将身处其中的社会－文化"装置"，其关键要素和机制都由这面镜子反射出来，从而变得更加可见。总之，在我看来，"黑镜"系列当然不是在简单地描绘电子和数字屏幕本身，而是在描绘我们对它们的体验，在描绘正在包围我们的社

1 M. Foucault，«Le jeu de Foucault»（1977），désormais dans *Dits et écrits 1954-1988*，vol. IV：1976-1979，édition établie sous la direction de D. Defert et F. Ewald avec la collaboration de J. Lagrange，Paris，Gallimard，1994，p. 299.

会－文化装置的全貌[1]。

然而，正如我前面所说的，当提到史前洞穴的岩壁、印刷书籍的页面或智能手机的显示屏时，一般意义上的屏幕经验乃是一种跨历史的经验。也就是说，屏幕跨越了史前史和整个人类的历史，并在其间拥有不同的形式构造。也许正是因为新冠疫情的集体冲击，我们才充分意识到屏幕对我们生活的影响。疫情不仅迫使我们在隔离期间使用电子或数字屏幕来维持沟通，还要求我们使用口罩，甚至还有那些“防疫姿势”（gestes barrières），比如对着肘窝咳嗽或打喷嚏。这么多种屏幕都在提醒我们，屏幕一词原本就有保护的含义，从词源上看，它源自古法兰克语中的动词 skĭrmjan，意思正是“保卫”和“通过战斗来保护”。

因此，在我看来，新冠疫情所产生的集体冲击引发了一种“现象学悬置”（épochè phénoménologique），它迫使我们暂时放下日常生活中习惯使用的知识，使我们能够“重新学习如何看待”我们现在赖以生活的屏幕，以及那些一直伴随着人类文化发展的屏幕。

鉴于此，在我看来，开展我所提出的屏幕人类学（anthropologie des écrans）研究，或者更恰当地说，探

1 类似地，弗朗索瓦·阿尔贝拉（François Albera）和玛丽亚·托尔塔哈达（Maria Tortajada）将视听装置描述为技术、话语和社会－文化实践的结合体，他们同样借鉴了广义上的福柯的“装置”概念，参见 F. Albera，M. Tortajada（dir.），*Cinema Beyond Film,* Amsterdam，AUP，2010，pp. 10-12.

究关于屏幕经验的人类学（anthropologie des expériences écraniques），即分析人类从未停止过的与屏幕和通过屏幕建立的多重关系，以及分析这些关系对个人和社会的更广泛的影响，似乎是重要且紧迫的。事实上，所有这些关系及其影响都是各种人类文化的基本组成部分，特别是在当前人类学结构的划时代转变中，显然是一个决定性的组成部分，它影响着我们感知、渴望、认识、思考以及与自己、他人和世界互动的方式。

在强调这种关于屏幕经验的人类学的必要性时，我认为有必要回顾一下，多年前德国艺术史学家汉斯·贝尔廷（Hans Belting）坚定地提出了“图像人类学”[1]和一种相关的“图像学”，并赋予它们“在图像的生命中连接现在和过去”的任务，以避免“一种其意义不再适用于当代经验的考古学”[2]。实际上，如果不从这种人类学视角考虑，那么“考古学”可能会成为无用的学识，最多只是再加上藏品收集的味道：在所谓的屏幕学[3]研究领域是很容易找到这样的例子的。但“系谱学”研究也可能受限于视野的狭隘，就像列夫·马诺维奇提出的屏

1 H. Belting，*Pour une anthropologie des images*（2001），trad. fr. J. Torrent，Paris，Gallimard，2004.

2 H. Belting，“Image，Medium，Body：A New Approach to Iconology”，*Critical Inquiry*，Vol. 31，n° 2（Winter 2005），pp. 302-319，此处为 p. 303.

3 参见 E. Huhtamo，«Elements of Screenology：Toward and Archaeology of the Screen» in *ICONICS: International Studies of Modern Image*，Tokyo，The Japan Society of Image Arts and Sciences，2004，vol. 7，pp. 31-82.

幕系谱学一样。在试图构建这种系谱学的基础时，他并没有回溯到更久远的时期，而只是从 1435 年意大利建筑师和画家阿尔伯蒂提出的观点开始考察，即把画屏视为一扇打开的窗户。[1]

相较之下，我认为我在本书中提出的“元－屏幕”概念，它所具有的启发性价值可能会对屏幕人类学的构建有所贡献。在我看来，“元－屏幕”正是在人类屏幕经验逐渐形成的不同历史文化构造相互区分的过程中得以产生的。实际上我们应当将“元－屏幕”理解成一种音乐主题——或者根据希腊词语“arkhè”的含义，理解为一种“原则”——然而它绝不是一种给定的原则，而是一个不断随着和通过其史前的和历史性的变化而形成以及变形的原则。每一次它都将自身投射（se rétrojetant）[2] 为“原则”，同时又以不同方式展现出其既隐藏又展示的特性。所以我们应当将“元－屏幕”理解为一种兼具跨历史性的展示和隐藏原则，简言之，这是一种可见性的原则，由屏幕同时使得可见和不可见的内在力量所建立，并允许屏幕——正如伟大的屏幕思想家

1　参见 L. Manovich，«Généalogie de l’écran»，dans *Le langage des nouveaux médias*，trad. fr. R. Crevier，Dijon，Les presses du réel，2010，pp. 204-205.

2　我借用了吉尔－德勒兹的这个术语（参见 *Logique du sens*，Paris，Minuit，1969，p. 306.），用来指代“本质生产”（production eidétique）这一特殊的逆向时间运动，这项运动由某种经验触发，同时以某种方式唤起先前的经验，并在无意间阐述了将它们联系在一起的本质特征，但又认为这一本质特征先于这些经验。

的伊曼努尔·康德在《判断力批判》中教导的那样——以直接、间接甚至消极的方式呈现形象或图像。

因此，我所描述的原则并不是自行给定的原则。那种我们可以在事后说，从一开始就给定的东西，更多是人类对身体的模糊经验，即经验到身体既是能见的，又是可见的。作为这样的身体，它能够拦截光线，从而向其他观看者展示自己，并且隐藏其背后的东西，同时又以这种方式将自己的影子投射到周围的物体表面上，而这个表面让我们看见这个影子。事实上，为了看见一个影子，我们需要两个屏幕：一个是产生影子的屏幕，另一个是展示影子的屏幕。因此，通过影子的经验，身体的模糊性延伸到屏幕的模糊性上，为屏幕打开了通向被吉尔伯特·西蒙东称为“技术－美学”[1]的可能性的大门：将屏幕视为身体的辅助器官，具体来说，它是增强了身体某些能力（如投射阴影的能力）的工具，它将这些能力外化，并重新投入对我们与世界间感性关系的塑造之中，因此，在这个意义上，屏幕原本就是技术－美学的。

不过，除了说明展示与隐藏之间不可避免的模糊性及其人类学根源，“元－屏幕”概念还可以凸显所谓“物质图像”和“心理图像”间的共同点：两者都是在屏幕

1　参见 G. Simondon，«Sur la techno-esthétique»（daté du 3 juillet 1982），*Les Papiers du Collège International de Philosophie*，n° 12，1992，désormais dans Id.，*Sur la technique (1953-1983)*，Paris，P. U. F.，2014，pp. 380-392.

上形成的形象。在这个方面，可以参考美国心理学家斯蒂芬·科斯林（Stephen Kosslyn）关于心理图像的研究。在奠基性的著作《图像与思维》（*Image and Mind*，1980）中，他将“表面图像”（surface images）视为“准－图画式的”（quasi-pictorial），并解释说它们“出现在空间显示媒介（spatial display medium）上”，随后他明确将这种媒介称为“屏幕”，并提出以“阴极射线管”（cathode-ray tube）的比喻方式来思考[1]。

“元－屏幕”概念还避免了将其他差异绝对化，避免其演变成不可逾越的鸿沟，比如一些系谱学研究仅仅将屏幕的发展局限在现代，或者将屏幕的发展视为从电影开始的[2]。但正如我前面所说的，人类屏幕经验的变化贯穿于整个人类文化，在不同的历史－文化背景下，屏幕以不同的方式发挥着它使可见化和使不可见化的权力，并且与其他更具体的权力形式相结合，比如具有宗教性质的权力，或者带有监视任务的权力等。

换句话说，元－屏幕在不同的历史－文化背景下产生不同的可见性政体，呈现为一种跨历史的可见性原则。

在谈论政体时，吉尔·德勒兹正是参考了福柯的

1 S. M. Kosslyn，*Image and Mind*，Cambridge，MA-London，Harvard University Press，1980，p. 6.

2 «Le XXe siècle aura inventé ce dispositif d’image radicalement inédit et moderne qu’est l’écran».（J. Serroy et G. Lipovetsky，«Les pouvoirs de l’écran»，*Revue Écrans*，n° 1，2013，p. 154.）

"装置"概念，他解释说："可见性并不是指一般意义上的光线照亮已存在的物体，可见性其实由光线组成，这些光线形成了与装置密不可分的可变形象。每种装置都有其光线的政体，光线如何落下、模糊和扩散，如何分配可见的和不可见的，如何使得缺少光线就不复存在的物体诞生或消失，每种装置都有其各自的方式。"[1]

不过需要注意的是，由于我上面提及的原因，和光线一样，屏幕也是这些政体建立、巩固和变化的决定性因素。正因为如此，我认为与其像德勒兹那样仅仅从光线的角度来描述这些政体，不如根据德勒兹的另一种表达方式来定义它们，即"可见性政体"[2]，并且同时要特别关心屏幕在其中的作用。如果说"可见性"这个词，如梅洛－庞蒂所言，绕开了看者的主动性与被看者的被动性之间的传统二元对立，那么"政体"（régime）这个词则保留了政治上的内涵，因为这个术语从词源上说，就是"指挥的行动"（action de diriger）的意思。所以，谈论"可见性政体"就是在说一种非个人化的力

1 G. Deleuze，*Qu'est-ce qu'un dispositif ?*（1989），dans Id.，*Deux régimes de fous. Textes et entretiens 1975-1995*，édition préparée par D. Lapoujade，Paris，Minuit，2003，p. 317.

2 G. Deleuze，*Foucault: Les formations historiques*，Cours du 12 Novembre 1985，2（partie 2/4），转录（在普渡大学人文学院的支持下）：A. Dufourcq，«La voix de Gilles Deleuze en ligne»，Université Paris 8 Vincennes-Saint-Denis，http://www2.univ-paris8.fr/deleuze/article.php3?id_article=415，最后查阅于 2017 年 12 月 10 日。显然，德勒兹随后在《什么是装置？》中所分析的光线政体的某些特征正是源自这门课程中的讨论。

量，它指挥或转移着光线与视线，负责展示或隐藏，区分表面与深层，划归中心与边缘，决定相似与差异。简言之，用美国媒体理论家理查德·格鲁辛的话说，“可见性政体”的力量能“预先中介”（pré-médier）我们的视觉，甚至控制我们的视觉，尽管这种控制的有效性还有待确定。因为在每一种政体中，都会出现不可预知、不可或缺的反抗现象和反权力行动，其中有些是非常有力的（想想我们这个时代的“匿名”行动或维基解密），有些是无可避免地来自隐蔽区域（今天典型的是深网或暗网）。

另外，德勒兹在上文引述的段落后明确指出：“如果说有一种装置的历史性，那就是光线的政体的历史性，但它也是陈述的政体的历史性。”[1] 他这样说是在暗指福柯所说的，在社会–文化装置的复杂性中相互交织的两个“元素”：未言说之物和言说之物。总之，德勒兹认为，在这样一种装置中，一种使可见（rendre visible）的特殊力量，以及与之相辅相成的使不可见（rendre invisible）的特殊力量，与一种使可说（rendre dicible）的类似力量，以及与之相辅相成的使不可说（rendre indicible）的类似力量，在历史中相互衔接、相互结合。换句话说，某种可见性政体与某种可说性政体

1 G. Deleuze，*Foucault: Les formations historiques*，Cours du 12 Novembre 1985，2（partie 2/4）.

相互交织，引导着我们的目光以及我们的话语的关注与不关注[1]。

在电视剧《黑镜》中，剧名所指的屏幕提供了一个深刻的例子和重要的征兆，展示了正在我们周围发展起来的“未言说之物”和“言说之物”交织而成的网络。事实上，屏幕同时表现为“可见的”现象之一（几乎是在字面意义上），而且也是最能揭示福柯意义上的社会－文化装置的名词之一（无论是在好的方面还是在坏的方面），而这个装置已经开始包围我们[2]。因此，让我们在这样一个可见性与可说性政体交织的装置内部，考察我们感兴趣的特定问题。

诚然，我们在 20 世纪 80 年代初就已经发现了屏幕作为主角的有力线索，斯蒂芬·科斯林心理图像理论用当时计算机的阴极射线管来做比喻。这样的例子似乎说明了此时屏幕本身在提供比喻的素材，而不是要求别的喻体来解释它，而在 20 世纪 70 年代，法国电影理论还在用框架、窗户、镜子或是面纱的比喻来解释屏幕[3]。

随着 20 世纪 90 年代数字革命的加速，视觉领域才

1　显然，此处关于交织的历史动力学的讨论受影响于维兰·傅拉瑟（Vilém Flusser）对图像与文本之间“前历史、历史和后历史”关系的思考，参见 Vilém Flusser，*Pour une philosophie de la photographie*（1983），trad. fr. J. Mouchard，Belval，Circé，1996. 以及其他文献。

2　“屏幕的显著特点……是它已成为全球化最有效的工具之一。”参见 J. Serroy et G. Lipovetsky，«Les pouvoirs de l'écran»，*Revue Écrans*，n. 1，2013，p. 154.

3　参见 C. F. Altman，«Psychoanalysis and Cinema：The Imaginary Discourse»，*Quarterly Review of Film Studies*，n° 2（August 1977），pp. 260-264.

开始以一种如此深刻、细腻的方式改变着我们的体验方式，迫使语言去制定和传播最能表达这种体验的词语，这些词语也因此成为我们时代精神的象征。

“屏幕”一词毫无疑问就是这样的词语之一。更详细地说，我们正在讨论的这部电视剧的片名让人联想到黑色的电子和数字屏幕，暗示了诸如“显示屏”这样的词，现在 display 已经成为这类屏幕的代名词，而在之前，已有着更广泛的含义，就是指一般的“显示”（affichage）功能。

但是，就我们所考虑的领域而言，“显示屏”的含义似乎忽略了沉淀在“屏幕”一词中的在展示与隐藏之间的模糊性，而只侧重强调这类表面展示、陈列以及炫耀的功能。

事实上，如果我有机会回顾一下上面提到的“屏幕”的动词词源，它的动词的意思是“通过战斗来保护”，就会发现这个动作意味着为了保护自己就必须暴露自己，进而突出了保护与暴露二者间的互补性。几个世纪以来，随着人们对这个动词的使用逐渐变多，保护与暴露之间的模糊性逐渐沉淀于这个词语之中，也逐渐演变成了“展示”与“隐藏”之间的模糊性。而使用“显示屏”这个词的过程似乎正在终止沉淀在“屏幕”之中的这种模糊性。换句话说，使用“显示屏”这个词的过程似乎是一种“宏大叙事”的最后阶段，与利奥塔在

《后现代状况——关于知识的报告》中批评的那些宏大叙事并无二致。这种宏大叙事讲述了屏幕功能目的论式的发展过程：从纯粹的“保护”（被认为是“屏幕”的词源含义）一端，逐渐发展到纯粹的“展示”（被认为是“显示屏”的含义）一端[1]。

这就是为什么“显示屏”一词在我们现在的社会-文化装置中，在交织的可见性和可说性政体内部变得如此重要，我前面所说的“宏大叙事”似乎为此社会-文化装置建立一种意识形态提供了基础，这种意识形态推崇我所说的“透明性 2.0”。如果说在西方，有关透明性的意识形态伴随着现代性的发展有着非常长的历史，那么在我看来，今天这种意识形态进入了一个新的阶段。在这个阶段中，图像相较语言的明显优势似乎已然确立。我提到的这个阶段（我讽刺地称之为“2.0”）推崇透明性的绝对价值，而数字革命以及社交网络的普及使之成为可能，这个阶段也与把屏幕再定义为“显示屏”有着密切的联系：显示屏是绝对用来展示的表面，因而也是绝对透明的表面。但这样做的同时，人们就忽略了我说的“可见性原则”，即没有遮蔽就不可能有展示，人们也同时忽略了“透明性”这个术语的拉丁词源，从

1 甚至弗朗切斯科·卡塞蒂似乎也受到这种“宏大叙事”的影响，他写道：“显示屏展示，但只是在它使我们能够获得、使我们能够接触到的意义上。它是展示，而不是发现。……简言之，它让图像‘呈现’在我们面前。”参见 F. Casetti，*La galassia Lumière: Sette parole chiave per il cinema che viene*，Milan，Bompiani，2015，p. 261.

词源上说，这个词意味着透过一个媒介显现发生，因而也排除了“绝对”的透明性的可能。

在一个充斥着假新闻（fausses informations）的时代，所谓“透明性 2.0”首先建立在我愿意以挑衅方式定义的一种“虚假意义”（fausse signification）的基础上。这种“虚假意义”似乎正是由当前图像相较于语言存在的明显优势所强加的。仅凭这种“虚假意义”就足以表明“透明性 2.0”具有“意识形态”的特征。事实上，意识形态似乎只是一种特定类型的可见性政体。此外，可见性政体作为一种政体——作为指挥可见物分配的行动——是马克思关于意识形态特征的描述中提到的内容。马克思和恩格斯倾向于将意识形态描述为一种可见性政体——或者更确切地说，是政体的汇合——在这些政体中，特定社会内部的力量关系得以表达、升华和延续。更具体地说，马克思和恩格斯将意识形态的运作类比为暗箱的运作，因为在他们看来，这两者都会使现实“颠倒过来”[1]。然而，需要注意的是，这样的比较暗示着一种假设，即通过简单反转光学设备产生的图像，就可能恢复对现实本身状态的正确观察。因此，我更倾向于将意识形态的运作类比于一种可见性政体的运作，在这

1　K. Marx-F. Engels，*L'Idéologie allemande*（1932），trad. fr.（partielle）de M. Rubel avec la collaboration de L. Évrard et L. Janover，in K. Marx，*Philosophie*，Paris Gallimard，1982，p. 308. 马克思是该书相关部分的唯一作者（第 298 页）。我要感谢斯坦尼斯拉斯·德·库尔维勒（Stanislas de Courville）提醒我思考这个问题。

种政体中，光源，正如我之前所强调的，还有屏幕的分布，展示了一种声称表现社会特征的价值体系，但这个价值体系同时又掩盖了至少一部分实际的社会运作机制。

不借助任何媒介和滤镜的“透明性”意义是一种“虚假意义”，借助于这个虚假意义，“透明性 2.0”逐渐与“直接性”（im-médiateté）概念融合到一起。如今，人们对“直接性”这个词的理解太流于字面意思了，它被使用的频率不比“透明性”少，并且还推动了透明性的意识形态，由此使得“中介（médiation）问题……成为我们时代的核心知识问题之一”，正如理查德·格鲁辛明确指出的那样[1]。借助他提出的“根本中介”（médiation radicale）概念，格鲁辛试图说明“任何经验中体验到的中介性都必须被理解为直接的”[2]。不过如果他说的是真的，那么倒过来说也是对的，即所有直接性都总是被中介的，因此，用他自己发明的词语来概括就是：总是被“预先中介的”（pré-médiée）。这个重要的发现本身就足以质疑“透明性 2.0”的意识形态，当然，也同时质疑了当下经常伴随着“透明性 2.0”意识形态出现的民粹主义的意识形态，后者从根本上表现为对于

1 R. Grusin，“Radical Mediation”，*Critical Inquiry*，vol. 42，n° 1（Autumn 2015），pp. 124-148，ici p. 146.

2 R. Grusin，“Radical Mediation”，*Critical Inquiry*，vol. 42，n° 1（Autumn 2015），p. 127.

中介的有意或无意的忽视。

直到几十年前，透明性的意识形态似乎仍源于以窗户这种光学装置为基础的视觉概念。从莱昂·巴蒂斯塔·阿尔伯蒂的《论绘画》开始，我在前面提到的窗户就成了在现代西方文化中占据主导地位的装置。诚然，阿尔伯蒂邀请画家将绘画空间想象为"一扇打开的窗户"[1]，这样就不会产生透明性的问题。但我们也知道，阿尔伯蒂除了谈到窗户这一光学装置，还谈到了放在画家与他所观察的事物之间的带网格的纱屏[2]，观察者只能透过这个纱屏观察，正如大约一个世纪后阿尔布雷希特·丢勒的一些著名版画所展示的那样[3]。换句话说，由于"透明性"一词在这里应从词源学的角度来理解，我们可以称之为"透明性 1.0"的意识形态。

那么，我们今天围绕着显示屏的视听装置和"透明性 2.0"意识形态所建立的可视性和可说性政体又是什么样的呢？

美国作家戴夫·埃格斯（Dave Eggers）出版的小说《圆圈》（*The Circle*）[4]，以及由詹姆斯·庞索特（James

---

1 L. B. Alberti, *De la peinture* (1435), trad. fr. J.-L. Schefer, Paris, Macula Dédale, 1992, Livre I, § 19, p. 115.

2 L. B. Alberti, *De la peinture* (1435), trad. fr. J.-L. Schefer, Paris, Macula Dédale, 1992, Livre II, § 31, p. 147.

3 请参见本书第 106 页，即"限定以超越：奠基于其变体的'元屏幕'主题"一章中所展示的丢勒题为《绘制躺卧女性的画家》的版画。

4 D. Eggers, *The Circle* (2013), trad. fr. E. et P. Aronson, *Le cercle*, Paris, Gallimard, 2016.

Ponsoldt）改编的同名电影（于 2017 年上映）也正是针对这种意识形态，勾勒了与该意识形态相关的社会 – 文化装置可能带来的令人不安的后果，其主要特征显然是显示屏的无处不在。因此，这个发生在不久将来的虚构故事具有反乌托邦色彩，与电视剧《黑镜》呈现的情节并无二致。

关于我所说的“透明性 2.0”的意识形态，《圆圈》提供了一个在我看来非常贴切的口号：“秘密就是谎言。”[1] 稍后我会进一步讨论它。

小说和电影都表明，政治世界成了这种意识形态首先影响的对象之一。当然，这并不奇怪，因为至少从 20 世纪 70 年代开始，无论是在西方还是在苏联，公民社会都曾以“透明性”之名提出过参与和掌控政治生活的要求。

政治阶层不仅拒绝这些要求，还逐渐刚愎自用，这随后在民众中引发了广泛的不满情绪。同时，数字革命带来了交流机会，在这样的背景下，人们开始将媒体和计算机通讯资源视为对抗精英不透明做法的良方。正是这种如今广为流传的想法，“透明性 2.0”意识形态更是将其绝对化，就像在《圆圈》中，美国政治界也率先接受了这种想法。无论是在小说中还是在电影中，以这种方式理解

1 D. Eggers，*The Circle*（2013），trad. fr. E. et P. Aronson，*Le cercle*，Paris，Gallimard，2016，p. 314.

和实现的透明性都被视为解决当时民主问题的必经之路。

既然绝对透明性（transparence absolue）[1]如今成为大多数民众共享的意识形态，它也成了政治人物博取认可和谋求上位时选择借力的对象。小说和电影《圆圈》中的那位议员对此深有体会，于是在经营范围横跨全球的私企“圆圈”（小说和电影的名字由此而来）举办的员工大会上宣布，从此刻开始，她将一个小摄像头安装在身上，不断直播和记录自己的生活，从而成为“完全透明的系统”里的第一个“选民”[2]。她的举动随后引发了一场竞相效仿的热潮，而大家效仿的原因显而易见。

在小说和电影的后续部分，“透明性 2.0”意识形态的传播并未止步。相反，它渗透到了主角的私生活中。主角甚至当着同一批员工的面断言“隐私就是偷窃”[3]，因为隐私就是从他人那里剥夺了他们可能从中获益的经验和知识，因此，主角也选择了始终佩戴小摄像头，从而接受了最绝对的透明性[4]。

---

1 D. Eggers，*The Circle*（2013），trad. fr. E. et P. Aronson，*Le cercle*，Paris，Gallimard，2016，p. 219.

2 D. Eggers，*The Circle*（2013），trad. fr. E. et P. Aronson，*Le cercle*，Paris，Gallimard，2016，p. 220.

3 小说的法文版倾向于用一个更模糊的表述来翻译这句话，即“保留给自己，就是偷窃（Garder pour soi, c’est voler）”［D. Eggers, *The Circle*（2013）, trad. fr. E. et P. Aronson, *Le cercle*, Paris, Gallimard, 2016, p. 315.］，这与皮埃尔－约瑟夫·蒲鲁东（Pierre-Joseph Proudhon）的名言“财产就是盗窃（La propriété，c’est le vol）”隐隐呼应。

4 D. Eggers，*The Circle*（2013），trad. fr. E. et P. Aronson，*Le cercle*，Paris，Gallimard，2016，p. 315.

正如杰拉德·瓦克曼所说："观看的欲望转变成观看一切的意志。而这种意志现在已经被强化成一种律令。"[1]另外，有一点瓦克曼没有明确强调，但《圆圈》无疑将其呈现了出来——是与之相辅相成且同样普遍存在的被看的欲望。伯纳德·哈考特（Bernard Harcourt）在《暴露：数字时代的欲望和抵制》[2]一书中强调了这一点，他将我们的社会定义为"暴露的社会"（expository society）[3]，在这个社会中，被观看的欲望甚至超过了对被观看的恐惧，他所说的"虚拟透明技术"（technologies de la transparence virtuelle）不断地刺激着这种欲望。

综上所述，我们可以认为，绝对透明性的意识形态是建立在我们将可见性与真相直接画等号的做法之上的。关于这个问题，在我看来，"秘密就是谎言"这个口号很好地定义了这种意识形态。这句口号表明，不是秘密的东西就不是谎言；或者说，如果秘密是隐藏的东西，那么不隐藏的东西就不是谎言，即它是真的。简单

1　G. Wajcman，*L'Œil absolu*，Denoël，Paris 2010，p. 13.

2　B. E. Harcourt，*Exposed: Desire and Disobedience in the Digital Age*，Cambridge，MA，Harvard University Press，2015.

3　乔凡娜·博拉多里（Giovanna Borradori）从同样的角度出发，强调了朱利安·阿桑奇（Julian Assange）和爱德华·斯诺登（Edward Snowden）等活动家针对中央权力以乔治－奥威尔（George-Orwell）笔下的"老大哥"（Big Brother）模式对民众进行监控的情况，所提出的透明性要求，是如何遵从一种现已过时的解释模式（透明对抗监控）。更重要的是，博拉多里令人信服地表明，这种主张最终从属于我所描述的"透明性 2.0"意识形态。参见 G. Borradori，"Between transparency and surveillance：Politics of the secret"，*Philosophy and Social Criticism*，vol. 42，n° 4-5，2016，pp. 456-464.

来说，“秘密就是谎言”这句话最终就是想说，可见之物就是真的，或者说，这是真的，因为这是我看到的。这句话甚至不如《约翰福音》中使徒托马斯（Thomas）说的话那么讲究，因为后者在判断真实与否时至少还提到了触觉的证据。

如果可见性立即被视为真相——如果我们忽略了从可见性到真相的中介过程——真相很容易就会变成后真相（post-vérité）。《牛津词典》将“后真相”一词列为2016年度词汇，将它纳入可说性政体之中，由此提供了当前可说性政体屈从于可见性政体的另一个症状。更令人意味深长的是，《牛津词典》将后真相定义为一种观点，在这种观点的形成过程中，“客观事实的影响力小于对情感和个人意见的诉求”[1]。

也就是说，你所要做的就是向对方展示他们想要看到的内容，并根据他们的信念或口味适当添油加醋，而无须进一步确认。然而，把可见性和真相直接画等号，这首先说明的是屏幕乃至元－屏幕的另一种巨大力量，这种力量与我在开头指出的可见化和不可见化的力量相辅相成：在隐藏的同时进行展示的力量。

1　https://en.oxforddictionaries.com/word-of-the-year/word-of-the-year-2016.（最后查阅于2018年5月17日。）

图书在版编目（CIP）数据

屏幕–哲学：从电影到数字革命 /（法）莫罗·卡波内著；卫俊译. -- 北京：中国国际广播出版社，2025. 7. --（新迷影丛书）. -- ISBN 978-7-5078-5760-3

Ⅰ. B83-095.65

中国国家版本馆CIP数据核字第2025A6G933号

著作权合同登记号 01-2024-4472

屏幕–哲学：从电影到数字革命

著　　者	［法］莫罗·卡波内
译　　者	卫　俊
责任编辑	梁　媛
校　　对	张　娜
版式设计	邢秀娟
封面设计	赵冰波
出版发行	中国国际广播出版社有限公司［010-89508207（传真）］
社　　址	北京市丰台区榴乡路88号石榴中心1号楼2001 邮编：100079
印　　刷	北京启航东方印刷有限公司
开　　本	889 × 1230　1/32
字　　数	220千字
印　　张	8.25
版　　次	2025 年 7 月　北京第一版
印　　次	2025 年 7 月　第一次印刷
定　　价	58.00元